POISSONS D'AQUARIUM

Eleanor Lawrence
Sue Harniess

Adaptation française de
Martine Richebé

GRÜND

GARANTIE DE L'ÉDITEUR

Pour vous parvenir à son plus juste prix, cet ouvrage a fait l'objet d'un gros tirage. Malgré tous les soins apportés à sa fabrication, il est malheureusement possible qu'il comporte un défaut d'impression ou de façonnage. Dans ce cas, ce livre vous sera échangé sans frais.
Veuillez à cet effet le rapporter au libraire qui vous l'a vendu ou nous écrire à l'adresse ci-dessous en nous précisant la nature du défaut constaté. Dans l'un ou l'autre cas, il sera immédiatement fait droit à votre réclamation.

Librairie Gründ – 60, rue Mazarine – 75006 Paris

Texte original de Eleanor Lawrence
Adaptation française de Martine Richebé

Première édition française 1989 par Librairie Gründ, Paris

ISBN : 2-7000-1917-2
Dépôt légal : mai 1989
Édition originale 1989 par Atlantis Publications Ltd.

Photocomposition : A.P.S. Tours
Imprimé en Espagne

Sommaire

Introduction

Ce guide, de lecture simple et rapide, vous présente les poissons d'aquarium les plus courants et les plus faciles à élever. Un aquarium devient vite fascinant pour celui qui apprend à connaître les habitudes et réactions individuelles de ses occupants. L'un des buts essentiels de ce livre est de vous permettre, face au vaste choix proposé par les magasins spécialisés, de sélectionner les espèces les mieux adaptées à vos possibilités, c'est-à-dire au temps et à la place dont vous disposez.

En aquariophilie, on distingue trois catégories de poissons : les poissons d'eau froide à élever en bac non chauffé ou en bassin de plein air, les poissons tropicaux d'eau douce et les poissons tropicaux d'eau de mer. Ces deux derniers types de poissons demandent un aquarium chauffé.

La plupart des espèces d'eau froide présentées dans ce livre sont faciles à élever, acceptent la cohabitation avec d'autres espèces, n'ont aucune exigence particulière en matière d'alimentation et se trouvent facilement dans le commerce. Certaines se reproduisent même sans soin particulier. Ce sont souvent de petites espèces colorées et attrayantes qui peuvent faire beaucoup d'effet, même dans un bac de taille modeste.

Les poissons tropicaux d'eau de mer, aux formes et couleurs souvent irrésistibles, sont moins faciles à élever. Leurs exigences en captivité sont d'ailleurs moins bien connues. Même les petites espèces réclament un aquarium plus spacieux et leur alimentation est plus délicate, car il est difficile de leur faire accepter des aliments secs. Bien que les espèces retenues figurent parmi les moins exigeantes, nous nous garderons toutefois de les recommander à l'aquariophile débutant.

Dans cet ouvrage, nous avons accordé une place plus importante aux poissons tropicaux d'eau douce, en général très appréciés. À l'intérieur de chaque catégorie (poissons d'eau froide, poissons tropicaux d'eau douce et poissons tropicaux d'eau de mer), les espèces ont été regroupées selon leurs familles biologiques, puis par ordre de taille, ceci pour faciliter le choix de l'aquariophile plutôt que dans un but d'identification : les poissons que l'on trouve chez les commerçants ou les particuliers sont en effet rarement des sujets de taille adulte.

L'aquarium

Vous trouverez p. 124 la liste du matériel nécessaire à l'équipement d'un aquarium tropical d'eau douce. L'installation de ce matériel dépasse le cadre de ce petit ouvrage. Vous n'aurez aucune difficulté à obtenir ce genre de renseignement chez votre fournisseur ou dans des ouvrages plus spécialisés.

Les aquariophiles débutants sont souvent tentés par un bac collectif regroupant plusieurs espèces. Les possibilités d'associations sont précisées dans la description des poissons. La longueur d'un aquarium de ce type ne doit pas être inférieure à 60 cm, sa largeur à 30 cm. Il faut éviter de faire cohabiter des espèces de grande taille, même pacifiques, avec de toutes petites espèces. Pensez également aux poissons craintifs en leur aménageant de nombreuses cachettes. Certains poissons détestent la solitude et ne prospèrent qu'en petits groupes. D'autres seront élevés séparément, seuls ou en couple, parce que trop agressifs ou exigeant des conditions d'élevage bien spécifiques. Choisissez des poissons vivant à différents niveaux afin qu'ils ne se disputent pas tous le même territoire. Le peuplement d'un aquarium se calcule en fonction de sa superficie et non de sa capacité : en principe on compte 30 cm^2 par centimètre de poisson (queue exclue). La longueur minimum de l'aquarium est indiquée en bas des pages descriptives.

Pour un premier bac d'ensemble, on peut associer par exemple quatre petits tétras (Néon rose, Veuve ou Tétra citron) et quatre petits barbus (Barbus cerise ou Barbus de Sumatra) à une loche ou de petits corydoras (Fouilleur) évoluant près du fond.

Les plantes ne sont pas seulement décoratives : elles contribuent à l'équilibre du milieu et offrent aux poissons les cachettes ou lieux de frai nécessaires. Parmi les plus résistantes, on trouve la Vallisneria à longues feuilles rubanées, les fougères flottantes aux feuilles en crosse *(Ceraptopteris, Egeria),* la mousse de Java *(Vesicularia)* qui s'accroche facilement aux roches et racines et les Cryptocorynes à feuilles larges.

Les poissons d'eau douce prospèrent si on leur distribue des aliments variés, mais en quantité raisonnable (attention à la suralimentation) : aliments secs ou lyophylisés complétés par un apport de proies vivantes (puces d'eau, petits vers ou larves d'insectes). En été, on trouve facilement des larves de moucherons ou moustiques à la surface des citernes d'eau, et la culture des mouches à fruits ou des petits vers est à la portée de l'amateur.

En dehors de quelques espèces dont la reproduction n'exige aucune condition particulière, il faut généralement isoler un couple dans un bac spécifique où sont recréées les conditions de reproduction propres à chaque espèce. Consultez des ouvrages spécialisés pour plus de détails.

Comment utiliser ce livre

Il comprend trois parties, les *Poissons d'eau froide,* les *Poissons tropicaux d'eau douce,* et les *Poissons tropicaux d'eau de mer.* Chaque partie est repérée par un bandeau de couleur. Un symbole différent a été attribué à chaque famille (ou groupe de familles) de poissons. La taille de chaque espèce (poissons adultes) est indiquée dans le bandeau.

Les caractéristiques physiques servant à identifier les poissons et citées dans les textes descriptifs sont illustrées p. 124.

Poissons d'eau froide

À l'exception de la Perche-soleil d'Amérique du Nord et des épinoches, tous ces poissons appartiennent à la famille des Cyprinidés (vaste famille de poissons dont font aussi partie les carpes ainsi que de nombreuses espèces tropicales) et sont originaires des cours d'eau des zones tempérées de l'Europe et de l'Asie. Ils réclament un aquarium non chauffé, bien aéré, ou sont souvent élevés en bassins de plein air sous les climats tempérés.

Cyprinidés (voir p. 11).

Perches-soleil: la Perche-soleil d'Amérique du Nord appartient à la famille des Centrarchidés.

Épinoches: membres de la famille des Gasterosteidés, vivant en Asie et en Europe.

Poissons tropicaux d'eau douce

Ces poissons sont originaires des lacs, étangs et cours d'eau des zones tropicales et subtropicales d'Amérique du Sud (surtout de l'Amazone), d'Afrique, d'Inde et du Sud-Est asiatique. Certains demandent une eau légèrement saumâtre.

À part la température, qui doit toujours être comprise entre 22 °C et 27 °C, ils ont des exigences diverses en ce qui concerne la composition de l'eau (sa dureté ou son acidité, par exemple) et la nourriture. La plupart acceptent les nourritures habituelles. Certains, essentiellement végétariens, brouteront les plantes à feuilles tendres si leur alimentation ne comporte pas assez de végétaux. En l'absence d'une quelconque préférence pour un type d'eau particulier, une eau légèrement douce est recommandable, bien que bon nombre d'espèces s'accommodent d'une eau de robinet plutôt dure. Une eau chlorée doit cependant être traitée avant utilisation. Dans ce livre, on entend par « acide » une eau de pH compris entre 6 et 6,5; par « légèrement alcaline » une eau de pH compris entre 7,5 et 8. Une eau « saline » est une eau saumâtre que l'on obtient en remplaçant 10 % de l'eau du bac par une solution de deux à trois cuillères à café de sel pour 10 l d'eau.

Characins : tétras et autres membres de la famille des Characidés (les véritables characins), ainsi que certaines familles voisines – poissons-crayons, poissons-hachettes, piranhas et autres. C'est parmi les characins et les familles apparentées que l'on trouve les poissons d'aquarium les plus populaires et les moins exigeants. Ce sont des poissons de petite taille ou de taille moyenne, de 4 à 12 cm de long, originaires d'Amérique du Sud et d'Afrique. Leur bouche est garnie de dents et ils possèdent une petite nageoire adipeuse entre la dorsale et la caudale. Les tétras et certains autres characins ont souvent une nageoire anale de forme rectangulaire, à pointe avant effilée. Ce sont des poissons actifs vivant souvent en bancs et se tenant dans les couches moyenne et supérieure de l'aquarium. De silhouette généralement fuselée, ils peuvent aussi être plus trapus (Veuve) ou presque sphériques (*Ephippicharax orbicularis,* Tétra argenté). Chez certains, la gorge, assez développée, confère une certaine lourdeur à la ligne générale. La bouche, située à la pointe du museau, est orientée vers le haut, ce qui indique qu'ils se nourrissent en surface ou à mi-eau. Ce sont des sujets pacifiques et peu exigeants, qui acceptent pour la plupart les nourritures vivantes et sèches habituelles. Les characins arborent souvent une robe aux teintes délicates, argentée, translucide ou iridescente, avec quelques rares touches de couleurs vives sur le corps et les nageoires. Ils font plus d'effet en bancs, dans un bac bien éclairé à arrière-plan sombre.

Cyprinidés : cette famille nombreuse comprend une grande variété d'espèces tropicales et subtropicales à élever en aquarium chauffé, dont les barbus, les rasboras et les danios. Les espèces tropicales sont de petite taille ou de taille moyenne, comprise entre 2,5 et 14 cm. Ces poissons sont originaires d'Afrique, d'Asie et d'Amérique du Nord. La majorité d'entre eux portent des barbillons. Leurs mâchoires sont dépourvues de dents, ils n'ont pas de nageoire adipeuse entre la dorsale et la caudale et ils sont généralement moins fins que les characins, certains petits barbus étant recouverts de grosses écailles. Chez la plupart des espèces, la nageoire anale est plus petite que celle des characins et de profil plutôt triangulaire que rectangulaire. Ce sont des poissons assez actifs.

Poissons de fond : poissons-chats, loches et Poisson-roseau. Les poissons-chats élevés en aquarium appartiennent à plusieurs familles voisines et doivent leur nom aux longs barbillons qui encadrent leur bouche. Ils se nourrissent en général sur le fond et certaines espèces contribuent utilement au nettoyage du bac. Dépourvus d'écailles, ils peuvent avoir la peau nue (Pimelo tacheté) ou recouverte de plaques osseuses (corydoras). Essentiellement nocturnes, ils apprécient un éclairage diffus et de nombreuses cachettes. Les loches et le Poisson-roseau sont aussi des poissons de fond de mœurs similaires, nocturnes et farouches.

Cyprinodontidés ovipares : Panchax, Cap Lopez. Ces petits poissons brillamment colorés, à l'allure de brochets, vivent dans les cours d'eau des zones tropicales d'Amérique du Sud, d'Afrique et d'Asie. Ce sont des poissons de surface dont la bouche, orientée vers le haut, est ornée de dents.

Poissons vivipares : mollys, guppys, xiphos, platys et espèces voisines. Ce sont en général de petits poissons originaires d'Amérique du Sud et des Caraïbes. Ils apprécient une eau légèrement dure. Les œufs sont fertilisés et se développent à l'intérieur du corps de la femelle, qui donne naissance à des alevins.

Cichlidés : ces poissons bien particuliers, vivant essentiellement en Amérique du Sud et en Afrique, sont de taille variable, certains pouvant atteindre 30 cm. Ils peuvent être apprivoisés au point de reconnaître la personne qui prend soin d'eux, ce qui explique leur popularité croissante. Œufs et alevins font l'objet de soins attentifs de la part des parents. Chez certaines espèces, l'incubation a lieu dans la bouche de la femelle où les alevins se réfugient ensuite à la moindre alerte.

Poissons à labyrinthe (Anabantidés) : gouramis et combattants. Ces poissons possèdent un organe respiratoire supplémentaire, situé dans le crâne et appelé « labyrinthe », grâce auquel ils peuvent utiliser l'oxygène de l'air atmosphérique. Chez les gouramis, les nageoires pelviennes sont transformées en longues antennes tactiles. Les poissons à labyrinthe construisent des nids faits de bulles d'air enrobées de salive, où sont déposés les œufs fécondés.

Poissons arc-en-ciel : membres de la famille des Atherinidés, possédant deux nageoires dorsales.

Poissons tropicaux d'eau de mer

Les espèces d'eau de mer élevées en aquarium proviennent des récifs coralliens et des côtes rocheuses des océans Indien et Pacifique, ainsi que des Caraïbes. Les poissons présentés dans ce guide appartiennent à des familles diverses.

Ils adoptent des formes très variées et arborent souvent des couleurs spectaculaires qui leur permettent de se camoufler dans leur environnement ou de faire fuir leurs prédateurs. C'est le cas par exemple des demoiselles ou des poissons-clowns. On trouve également dans ce groupe les hippocampes qu'il vaut mieux élever dans un aquarium spécifique. Toutes ces espèces demandent une température comprise entre 26 °C et 27 °C et un substrat fait de sable grossier ou de débris de coraux. On peut se procurer dans les magasins spécialisés une solution saline toute prête proche de la composition de l'eau de mer, ainsi que les roches et coraux recréant leur habitat naturel. Les jeunes poissons s'acclimatent toujours mieux que les sujets adultes en captivité. On peut plus facilement les habituer à de nouveaux types de nourriture.

Lecture d'une page

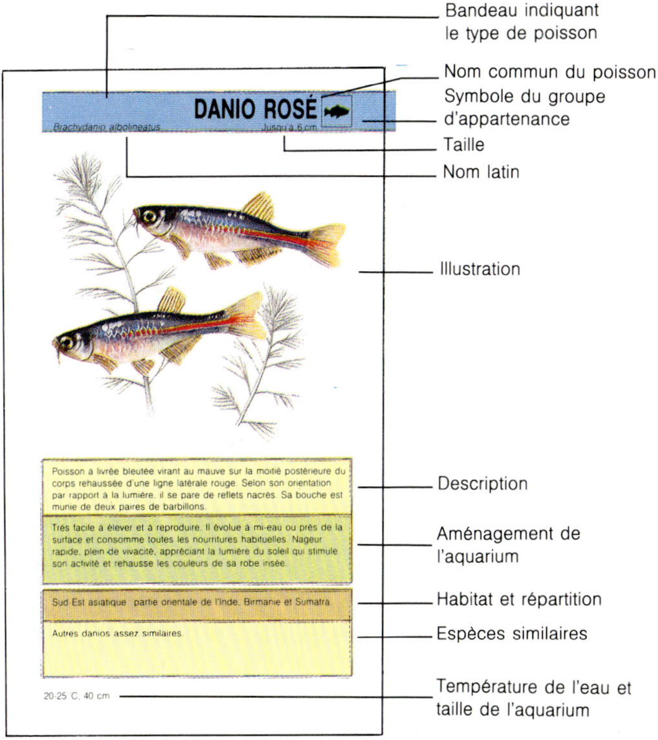

FAUX NÉON

Jusqu'à 6 cm *Tanichthys albonubes*

Petit poisson brun-vert de ligne élégante au corps parcouru d'une raie longitudinale dorée soulignée de bleu. Large tache rouge orangé ponctuée de noir à la base de la caudale, les autres nageoires étant frangées de la même teinte.

Très facile à élever, il peut être placé dans un petit aquarium d'intérieur non chauffé, bien que tolérant une température allant jusqu'à 22-24 °C. C'est un poisson de surface qui s'accommode d'aliments variés. Il rend mieux en petits groupes dans un bac à fond sombre. Se reproduit aisément dans une eau à 22 °C.

Rivières des environs de Canton, Chine.

Comparable à certains petits tétras.

16-30 °C (18-24 °C de préférence); 30 cm

VAIRON

Phoxinus phoxinus

Jusqu'à 14 cm

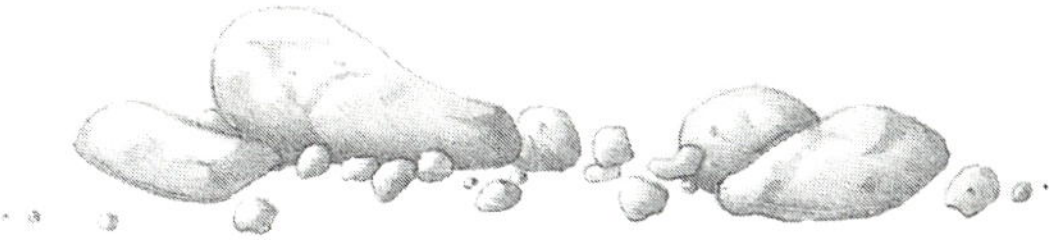

La moitié supérieure du corps est d'un brun verdâtre terne parcouru de bandes sombres, le ventre est de couleur crème. À la saison du frai, des marques rouges apparaissent autour de la bouche et des ouïes du mâle.

Poisson d'eau froide, appréciant une hauteur d'eau relativement faible (15 cm). Il se nourrit d'insectes, de crustacés et de vers, mais accepte une nourriture artificielle. Se reproduit aisément. À l'époque du frai, d'avril à juillet, la femelle dépose ses œufs sur des pierres au fond de l'eau.

Europe et nord de l'Asie, dans de l'eau claire et fraîche s'écoulant sur fond de sable ou de gravier.

Aucune espèce similaire.

4-20 °C; 60 cm

ÉPINOCHE

Jusqu'à 10 cm *Gasterosteus aculeatus*

Poisson argenté dont la nageoire dorsale, située très en arrière, est précédée de trois épines acérées. Queue en éventail. Au moment de la reproduction, l'abdomen du mâle devient rouge vif.

À placer dans un aquarium d'eau froide. Aime vivre en bancs, mais la cohabitation avec d'autres espèces est à éviter, car il est carnivore. À la saison du frai, le mâle défend farouchement son territoire. Il construit un nid fait de plantes enchevêtrées où il attire la femelle, puis veille ensuite sur les œufs.

Amérique du Nord, Europe et du nord de l'Asie au Japon.

Il existe plusieurs autres variétés d'épinoches, se distinguant par le nombre des épines.

4-20°C; 50 cm

PERCHE-SOLEIL

Lepomis gibbosus

Jusqu'à 20 cm

Parmi les différentes perches-soleil, celle-ci est la plus couramment élevée en captivité. Nombreuses marques rougeâtres ou orangées sur la tête. Corps vert argenté strié de bandes verticales sombres sur le dos et les flancs, ventre rougeâtre.

À placer dans un bac à végétation dense assez spacieux pour qu'elle puisse évoluer à son aise, ou dans un bassin de plein air. Carnivore, elle se nourrit de proies vivantes et ne peut être mêlée à d'autres espèces. Il lui faut un substrat mou, la femelle frayant dans un trou creusé par le mâle qui garde ensuite les œufs.

Amérique du Nord, de la région des Grands Lacs en allant vers le sud.

Aucune espèce similaire.

8-22 °C; 80 cm

POISSON ROUGE

Jusqu'à 30 cm *Carassius auratus*

En dehors de la forme dorée la plus connue, cette espèce compte un grand nombre de variétés, dont la forme «à voile» **(1)** à corps sphérique et caudale vaporeuse, les «Comètes» à queue très effilée et les «Shubunkin», panachés de gris, orange et noir.

C'est un poisson d'eau froide, à élever en bassin de plein air ou en aquarium non chauffé. Robuste, il peut vivre longtemps dans de bonnes conditions. La nourriture doit être variée. Il se reproduit assez facilement: les œufs, déposés sur les feuilles de plantes aquatiques, éclosent au bout de 7 jours.

Répandu à l'origine de la Chine à l'Europe de l'Est, puis introduit en de nombreux autres endroits.

Ide dorée; la carpe Koï ou carpe ornementale du Japon, orange et or marbrée de noir, de ligne plus élancée, a la bouche munie de barbillons. C'est un poisson de bassin très attractif.

4-24°C; 50 cm

IDE MÉLANOTE

Leuciscus idus Jusqu'à 60 cm

Beau poisson de ligne fuselée, au corps argenté et aux nageoires nuancées de pourpre. L'**Ide dorée** (représentée ci-dessus) est une variété d'Ide de teinte orangée à reflets cuivrés.

Peut être placée en aquarium d'eau froide quand elle est jeune, mais c'est plutôt un poisson de bassin. Friande de crustacés, coquillages et petits poissons, elle accepte aussi les aliments en poudre. À la saison du frai, d'avril à juillet, la femelle dépose des milliers d'œufs sur des pierres au fond de l'eau.

Lacs et rivières d'Europe et du nord de l'Asie à l'ouest de la Sibérie.

Poisson rouge.

4-20°C; 60 cm

POISSON-CRAYON DORÉ

Jusqu'à 4 cm *Nannostomus beckfordi aripangensis*

Petit poisson de ligne fuselée, brun doré sur le dos, argenté sur le ventre, à bande latérale noire. Nageoire anale et base de la caudale rouge vif chez le mâle. Forme sans doute dérivée du *N. beckfordi beckfordi*, plus terne, pouvant atteindre 8 cm.

Ce poisson actif et grégaire peut être placé dans un petit bac collectif à fond sombre contenant de préférence d'autres poissons-crayons. Il évolue près de la surface ou à mi-eau. Préfère les nourritures vivantes, mais accepte les aliments secs. Peut être reproduit en captivité, mais peu prolifique.

Bassin de l'Amazone.

Poecilobrycon unifasciatus: nage en position oblique, tête en haut; *N. trifasciatus; N. marginatus*, brun terne.

22-25°C; 30 cm

PRISTELLA

Pristella riddlei

Jusqu'à 4 cm

D'un gris argenté nuancé de vert sur le dos, le corps, presque tranparent, laisse voir les organes internes. La caudale est teintée d'un rouge délicat, les nageoires dorsale et anale portent une marque noire bordée de jaune.

Très facile à élever. Son alimentation doit toutefois renfermer une certaine proportion de crustacés, insectes et vers. Poisson actif et sociable. Évolue à mi-eau ou dans la couche supérieure de l'aquarium. Aime avoir beaucoup d'espace libre. Sa reproduction a lieu dans une eau légèrement acide et en lumière tamisée.

Amazone, Guyane et Venezuela.

Aucune espèce similaire.

20-26 °C; 40 cm

TÉTRA-FANTÔME

Jusqu'à 4,5 cm *Megalamphodus megalopterus*

La femelle est plus colorée que le mâle (gris argenté), mais les nageoires du mâle sont plus développées. Le **Tétra-fantôme rouge** *(M. sweglesi)* **(1),** similaire, est rouge avec une dorsale effilée, ponctuée de noir.

Faciles à élever, ces petits poissons se plaisent en bancs et apprécient une eau douce et acide. Ils évoluent surtout dans la couche inférieure de l'aquarium et acceptent toutes nourritures, séches ou vivantes. Le Tétra-fantôme est assez facile à reproduire, contrairement au Tétra-fantôme rouge, d'ailleurs moins prolifique.

Région du Mato Grosso, Brésil.

Similitudes avec certains autres petits tétras.

23-27 °C; 40 cm

SERPAE

Hyphessobrycon callistus

Jusqu'à 4 cm

Poisson de coloration cuivrée, à ventre rouge orangé. Sa nageoire dorsale est presque entièrement noire, ses nageoires anale et ventrale bordées de noir. Tache noire à l'arrière des ouïes. Mâle plus petit et plus coloré que la femelle.

Poisson paisible, se déplaçant avec lenteur, facile à élever et cohabitant volontiers avec d'autres espèces. Il réclame une eau douce. Un substrat de couleur sombre le met en valeur. Il accepte des aliments vivants ou artificiels. Sa reproduction ne pose pas de problème.

Région du Mato Grosso, Rio Paraguay.

Autres tétras similaires : **Tétra de Rio;** *H. rosaceus.* Ce dernier, d'un rose délicat, présente une nageoire dorsale noire frangée de blanc.

23-26°; 30 cm

NÉON NOIR

Jusqu'à 4 cm *Hyphessobrycon herbertaxelrodi*

Petit poisson transparent à large bande noire latérale surmontée d'une raie blanche que de bonnes conditions d'éclairage rendent luminescente.

Paisible et grégaire, il rend bien en petits groupes dans un aquarium garni d'un substrat sombre. Cohabite volontiers avec d'autres espèces. Consomme les nourritures sèches et vivantes habituelles. Sa reproduction est assez délicate à obtenir.

Bassin de l'Amazone.

H. heterorhabdus est assez semblable avec un corps gris verdâtre argenté, mais sa bande latérale iridescente est tricolore : noire, rouge et jaune.

24-27 °C; 30 cm

Paracheirodon innesi

NÉON

Jusqu'à 4 cm

1

Il illumine les petits aquariums avec sa raie latérale turquoise iridescente soulignée à l'arrière d'une bande rouge vif. Le **Tétra-cardinal** *(Cheirodon axelrodi)* **(1)** est similaire, mais le rouge franc s'étend à toute la partie inférieure du corps.

Ces poissons actifs et grégaires se plaisent en petits groupes et cohabitent volontiers avec d'autres espèces. L'élévage du Néon ne pose aucun problème. Sa reproduction est plus délicate. Il se tient plutôt près du fond, alors que le Tétra-cardinal préfère évoluer à mi-eau.

Néon : cours supérieur de l'Amazone. Tétra-cardinal : cours supérieur du Rio Negro.

Aucune espèce similaire.

20-26 °C, 23-26 °C; 30 cm

NÉON ROSE

Jusqu'à 5 cm *Hemigrammus erythrozonus*

Ce poisson doit son nom à la bande rouge luminescente qui court des ouïes à la base de la caudale où elle s'élargit en forme de tache. La variété **« Feu-de-position »** *(H. ocellifer ocellifer)* **(1)** est ponctuée d'un jaune brillant sur l'œil et la base de la queue.

Poissons vifs et robustes, mais craignant une eau trop dure. Ils aiment vivre en petits groupes. Sur un fond sombre et en lumière tamisée, ils donnent l'impression d'être illuminés de l'intérieur. Omnivores, ils sont surtout friands de proies vivantes. Assez faciles à reproduire. Le « Feu-de-position » est très prolifique.

Néon rose : Guyanes. Feu-de-position : bassins de l'Orénoque et de l'Amazone.

H. hyanuary est assez semblable, mais sa ligne latérale lumineuse est dorée et une tache noire marque la naissance de la caudale.

24-28 °C; 40 cm

TÉTRA DE RIO

Hyphessobrycon flammeus Jusqu'à 4 cm

La tête et le ventre sont argentés, la partie arrière du corps rougeoyante ainsi que les nageoires anale et ventrale, frangées de noir chez le mâle. Les trois bandes verticales barrant l'avant du corps et la ligne latérale, de couleur sombre, sont peu distinctes.

Remuant et parfois agressif, mais aquarium collectif généralement bien accepté. Apprécie une végétation abondante lui offrant des abris. Sera mis en valeur par une lumière tamisée. Il évolue à mi-eau ou au fond du bac. Sa reproduction est assez facile. Les œufs, pondus parmi les plantes, adhèrent à la surface des feuilles.

Aux environs de Rio de Janeiro, Brésil.

Présente certaines similitudes avec le **Serpae** et certains autres petits tétras (*H. rosaceus*, par exemple).

20-30 °C; 40 cm

TÉTRA DE SCHOLZ

Jusqu'à 5 cm *Hyphessobrycon scholzei*

Dos verdâtre, flancs argentés parcourus d'une large bande noire s'épanouissant en éventail à la base de la queue. Nageoires transparentes nuancées de rose.

Poisson actif et pacifique, se plaisant en petits groupes. Bac collectif accepté. Lui ménager un grand espace libre pour nager et prévoir des touffes de plantes lui assurant des abris. Facile à élever et à reproduire. Autres conditions d'élevage semblables à celles des autres petits tétras.

Bassin de l'Amazone (région du Pará, Brésil).

Autres tétras similaires : *H. herbertaxelrodi* et *H. heterorhabdus*, également à bande latérale noire, mais doublée d'une ligne iridescente. Leurs nageoires ne sont pas roses.

20-23 °C; 50 cm

TÉTRA CUIVRÉ

Hemigrammus nanus Jusqu'à 5 cm

Dans un bac à fond sombre éclairé par le dessus, les nageoires frangées de blanc de ce poisson de teinte cuivrée sont bien mises en valeur. Le centre de la caudale est marquée d'une tache noire qui se prolonge en ligne latérale de plus en plus diffuse.

Peu exigeant, actif et sociable, ce poisson se reproduit aisément en captivité. Il est préférable d'écarter les parents après le frai, car ils risquent de dévorer les œufs. Alimentation et autres conditions d'élevage semblables à celles des autres tétras.

Est du Brésil.

Autres petits tétras similaires : *H. rhodostomus* et *Petitella georgiae* ont la queue striée de trois bandes noires horizontales bordées de blanc et la tête rouge vif.

20-25 °C; 40 cm

PULCHER

Jusqu'à 5 cm *Hemigrammus pulcher*

Son corps trapu le distingue des autres petits tétras. La base de la queue porte, dans sa partie inférieure, une large marque noire surmontée d'une tache cuivrée iridescente. Ligne latérale dorée. Nageoires tranparentes légèrement teintées de rouge.

Pacifique et sociable, mais pas très vif. Il peut être introduit sans problème dans un petit bac collectif où il sera mis en valeur par un fond sombre. Apprécie une eau douce, légèrement acide et une lumière tamisée par une abondante végétation. Évolue à mi-eau. Sa reproduction peut s'avérer difficile.

Bassin de l'Amazone et partie nord de l'Amérique du Sud.

Aucune espèce similaire.

23-26°C; 30 cm

TÉTRA CITRON

Hyphessobrycon pulchripinnis Jusqu'à 5 cm

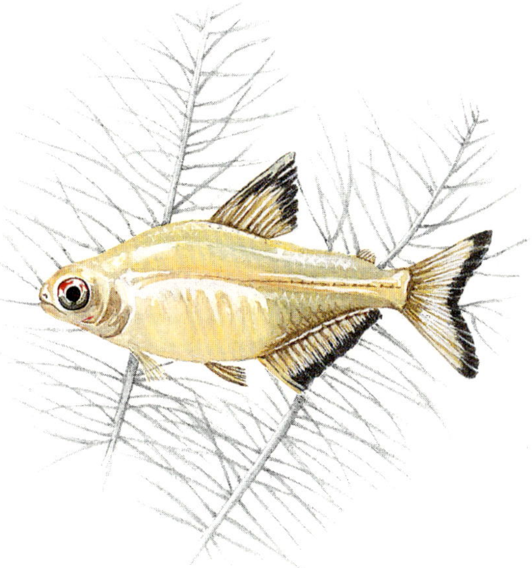

Corps transparent à reflets jaune pâle, nageoires anale et dorsale bordées d'un jaune lumineux, souligné de noir chez le mâle. Partie supérieure de l'œil rehaussée de rouge.

Poisson actif et pacifique acceptant la cohabitation avec d'autres espèces. Facile à élever, mais considéré comme difficile à reproduire. Conditions générales d'élevage semblables à celle des autres petits tétras.

Amazonie (région du Pará, Brésil).

Barbus doré

22-24 °C; 30 cm

APHYOCHARAX À NAGEOIRES ROUGES

Jusqu'à 5 cm *Aphyocharax rubripinnis*

Poisson argenté aux nageoires teintées à la base d'un rouge sang virant au rose sur les bords, à l'exception des pectorales qui sont transparentes. Le mâle est plus svelte que la femelle et se pare de couleurs plus éclatantes à la saison des amours.

Vif, grégaire, facile à élever, il se satisfait de tous les aliments habituels. L'aquarium, qui peut être collectif, doit être modérément planté, car ce poisson a besoin d'un grand espace libre pour nager. Se reproduit facilement. Après le frai, qui a lieu en surface, écarter les parents, car ils dévorent parfois les œufs.

Bassin du Rio de la Plata, Amazonie.

Autres poissons argentés à nageoires rouges : le **Tétra de Buenos Aires**, le **Tétra à queue rose** (plus grand) et la **Modesta** (plus grande).

18-23 °C; 30 cm

TÉTRA DIAMANT

Moenkhausia pittieri Jusqu'à 6 cm

1

Poisson argenté à reflets changeants et nageoires développées ; dorsale allongée en faucille. Dessus de l'œil rouge vif. Le **Tétra aux yeux rouges** *(M. sanctaefilomenae)* **(1),** aux nageoires plus modestes, a une tache noire à la base de la caudale.

Poisson robuste, facile à élever et à reproduire. Vif et grégaire, il rend bien en petits groupes et ne craint pas la cohabitation avec d'autres espèces. Aime un aquarium à végétation dense comportant une grande zone dégagée. Nourritures vivantes et sèches. Le Tétra aux yeux rouges, moins actif, aime se reposer parmi les plantes.

Tétra diamant : lac Valencia, Venezuela; Tétra aux yeux rouges : Rio Paraguay.

Aucune espèce similaire.

22-26 °C; 40-50 cm

VEUVE

Jusqu'à 6 cm

Gymnocorymbus ternetzi

Moitié antérieure du corps gris verdâtre argenté parcourue de trois bandes noires, dont une traverse l'œil. Partie postérieure gris sombre à noire jusqu'à la caudale, s'éclaircissant avec l'âge. Grande nageoire anale incurvée. Il existe une forme à voile.

Les bancs de jeunes poissons évoluant en formations rigoureuses constituent un spectacle attrayant. Cette espèce pacifique ne craint pas la cohabitation. Prévoir quelques touffes de verdure assurant des cachettes. Nourriture vivante ou sèche. Se reproduit facilement.

Rio Negro et Rio Paraguay, Amérique du Sud.

Hyphessobrycon griemi, de taille plus modeste (3 cm maximum) présente lui aussi trois bandes verticales noires à l'avant, mais sa livrée est teintée de rouge.

23-25 °C; 40 cm

POISSON-HACHETTE

Gasteropelecus sternicla Jusqu'à 6,5 cm

Poisson gris argenté dont le corps, très haut et aplati, ressemble à une hache. Une fine raie tricolore, noire, bleue et jaune, court des ouïes à la base de la queue. Nageoires pectorales déployées en forme d'ailes.

Poisson de surface qui, dans son milieu naturel, se sert de ses nageoires pectorales pour se propulser hors de l'eau et effectuer un vol de plusieurs mètres. Le bac doit donc être bien couvert. Cohabite avec des espèces d'eaux moyennes ou profondes. Accepte toutes nourritures. Reproduction rare en captivité.

Cours moyen et inférieur de l'Amazone et autres cours d'eau du centre et du nord de l'Amérique du Sud.

G. levis lui ressemble beaucoup, mais s'en distingue par une tache sombre à la base de la dorsale. Plusieurs autres poissons-hachettes sont aujourd'hui proposés aux aquariophiles.

23-29 °C; 50 cm

TÉTRA DU NIGER

Jusqu'à 7 cm *Nannaethiops unitaeniatus*

Dos brun olive, ventre blanchâtre, séparés par une ligne horizontale noire doublée de jaune, qui court de la bouche à la naissance de la caudale. Nageoires nuancées de rose ou de rouge.

Pacifique et peu exigeant, ce poisson s'accommode d'un bac collectif à fond garni de sable. Il préfère se nourrir de proies vivantes, mais accepte aussi les aliments secs. Cette espèce se reproduit facilement en aquarium, frayant parmi des plantes à feuillage fin.

Afrique occidentale équatoriale, du Zaïre au Nil.

Le nom commun attribué à ce poisson peut induire en erreur, car il appartient en fait à une famille distincte de celle des autres tétras et characins.

22-27 °C; 50 cm

POISSON-PINGOUIN

Thayeria boehlkei Jusqu'à 8 cm

D'un gris verdâtre argenté, ce poisson se distingue par sa large raie noire qui s'étend des ouïes jusqu'à l'extrémité du lobe inférieur de la caudale, soulignée d'une ligne dorée iridescente. Ventre rosé. Position de repos oblique, tête vers le haut.

Assez facile à élever, mais plutôt farouche. Aime vivre en petits groupes. Se repose en position inclinée, mais nage à l'horizontale. Apprécie un couvert de plantes flottantes tamisant la lumière. Se nourrit de proies vivantes ou d'aliments secs. Le bac doit être bien couvert, car ce poisson aime sauter.

Bassin de l'Amazone.

T. obliqua : raie noire allant de la queue à l'arrière de la dorsale. Nage en position oblique, comme *Poecilobrycon unifasciatus*, à une bande, à raie similaire, mais plus svelte.

23-27 °C; 50 cm

TÉTRA SAUTEUR

Jusqu'à 8 cm *Copella arnoldi*

Poisson fuselé d'un brun verdâtre virant au jaune sur le ventre. Museau et œil barrés d'une courte raie noire. Nageoires jaunes à bouts rougeâtres, frangées de noir chez le mâle dont la dorsale et le lobe supérieur de la caudale sont plus effilés.

Ce poisson de surface, grégaire, doit son surnom à son comportement durant la reproduction : mâle et femelle sautent ensemble pour aller déposer et féconder des œufs sous de larges feuilles surplombant l'eau. Pour qu'ils ne se dessèchent pas, le mâle les arrose régulièrement avec sa queue. Facile à élever.

Cours inférieur de l'Amazone.

Pyrrhulina rachoviana s'en rapproche par la forme, mais son museau n'est pas rayé de noir et ses nageoires caudale et dorsale sont plus arrondies.

22-27 °C ; 40 cm

TÉTRA ARGENTÉ

Ctenobrycon spilurus Jusqu'à 9 cm

1

Corps argenté à reflets bleus, de forme losangée, comprimé latéralement. Tache bleu nuit derrière les ouïes.

Robuste et peu exigeant. Pacifique et actif, il peut cohabiter avec d'autres espèces de la même taille, mais s'amuse parfois à mordiller les nageoires de ses compagnons. Aime vivre en petits groupes. Éviter les plantes à feuilles tendres, dont il est friand.

Cours d'eau proches des côtes de la Guyane et du Venezuela.

Ephippicharax orbicularis, de forme identique, a les flancs irisés et les écailles bordées de noir, mais est dépourvu de nageoire ventrale et de tache derrière les ouïes.

20-23°C; 50 cm

TÉTRA DE BUENOS AIRES

Jusqu'à 12 cm *Hemigrammus caudovittatus*

Ce poisson argenté à reflets verdâtres fait partie des grands tétras. Il porte une marque noire de forme losangée à la base de la caudale. La coloration rouge des nageoires est beaucoup plus prononcée chez le mâle que chez la femelle.

Poisson hardi, peu exigeant, mais parfois agressif envers les membres d'autres espèces dont il grignote les nageoires. Il se plaît, comme la plupart des tétras, dans une eau douce. Vorace, il accepte tous types d'aliments. Sa reproduction est assez facile.

Bassin du Rio de la Plata, Amérique du Sud.

Autres poissons à corps argenté et nageoires rouges : l'**Aphyocharax à nageoires rouges** (plus petit), le **Tétra à queue rose** et la **Modesta.**

18-28 °C; 40 cm

TÉTRA DU CONGO

Phenacogrammus interruptus Jusqu'à 12 cm

Ce grand tétra incolore à dorsale effilée se pare, sous l'éclairage artificiel, de reflets irisés bleu-vert et cuivrés. Chez le mâle, la caudale est prolongée d'un panache filamenteux.

Toujours en mouvement, ce poisson aime vivre en petits groupes. Il accepte la compagnie d'autres grands tétras, mais réclame un aquarium spacieux. Se nourrissant en surface, il accepte aussi bien les proies vivantes que les aliments en poudre. Prolifique, assez facile à reproduire.

Bassin du Zaïre, Afrique.

Alestes longipinnis est assez similaire, mais la naissance de la caudale est marquée d'une tache noire de forme allongée.

23-26°C; 60 cm

TÊTE-EN-BAS

Jusqu'à 12 cm *Chilodus punctatus*

Poisson argenté au museau pointu. Corps et nageoire dorsale tachetés de noir. Il affectionne une position inclinée, tête vers le bas.

Actif, il apprécie un aquarium spacieux à fond sombre, garni de grandes plantes. Cohabitation possible avec d'autres espèces. On peut lui distribuer des proies vivantes (petites larves d'insectes) et des aliments secs, mais il est surtout friand de végétaux. Sa reproduction est difficile.

Nord-est de l'Amérique du Sud.

Autres poissons adoptant une position similaire : *Anostomus anostomus* et *Abramites microcephalus*, plus sombre et plus trapu.

21-27 °C; 40-50 cm

FAUX PIRANHA

Metynnis hypsauchen — Jusqu'à 15 cm

Poisson au corps discoïdal argenté, très comprimé latéralement. Nageoire anale teintée de rouge. Les marques sombres visibles sur le corps des jeunes disparaissent avec l'âge.

Assez facile à élever et peu exigeant en matière de nourriture. Poisson grégaire, plutôt craintif, pouvant être introduit dans un grand aquarium collectif. Éviter les plantes à feuilles tendres car, étant herbivore, il s'en délecterait. Prévoir des roches et racines lui assurant les cachettes dont il a besoin.

Bassin de l'Amazone.

Mylossoma argenteum au corps également discoïdal et à nageoire anale rouge, est aussi carnivore. Son opercule branchial est marqué d'une tache noire.

24-27 °C; 60 cm

TÉTRA À QUEUE ROSE

Jusqu'à 25 cm *Chalceus macrolepidotus*

Poisson fuselé, à corps argenté nuancé de bleu, recouvert de grandes écailles. Nageoires roses.

C'est un poisson de surface, très remuant, qui aime sauter hors de l'eau. À élever de préférence en petits groupes dans un aquarium bien couvert bénéficiant d'un éclairage assez intense. Cohabite volontiers avec d'autres espèces. Il se nourrit de proies vivantes et apprécie surtout les vers de terre.

Guyanes.

Tétra de Buenos Aires et **Modesta.** *Labeo frenatus* (8 cm) a la nageoire dorsale plus développée et la base de la queue ponctuée de noir. **Aphyocharax à nageoires rouges.**

23-27 °C; 50 cm

DISTICHODUS

Distichodus sexfasciatus Jusqu'à 25 cm

Poisson au dos fortement bombé. Le corps, de tonalité cuivrée, est parcouru de six bandes noires verticales. Les nageoires sont rouge orangé.

Farouche et pacifique, peut être introduit dans un aquarium de taille moyenne quand il est jeune. Prévoir roches et racines lui assurant des cachettes. Éviter les plantes à feuilles tendres, dont il est friand. Bien qu'ayant une forte préférence pour les végétaux, il accepte néanmoins tous les autres aliments.

Cours inférieur et moyen du Zaïre, Afrique.

La Loche rayée, d'aspect assez semblable, est beaucoup plus petite.

24-26 °C; 50 cm

LÉPORIN RAYÉ

Jusqu'à 30 cm *Leporinus fasciatus*

Lèvre supérieure fendue, trait commun à toutes les espèces de léporins. Les larges bandes noires cerclant le corps de teinte jaune sont au nombre de neuf chez l'adulte, moins nombreuses chez le jeune.

Poisson paisible et sociable, mais finissant par devenir trop volumineux pour un aquarium de taille moyenne. Nage souvent tête en bas au fond du bac. Son régime doit comporter une part importante de végétaux (laitue ou épinards, par exemple). Il faut bien couvrir le bac, car c'est un excellent sauteur.

Amérique du Sud.

L. striatus, au corps rayé longitudinalement, se comporte de façon similaire et réclame donc les mêmes conditions d'élevage.

21-26 °C; 50 cm (pour des sujets de petite taille)

PIRANHA

Pygocentrus piraya Jusqu'à 35 cm

Poisson argenté au corps trapu, discoïdal quand il est jeune. Ses puissantes mâchoires sont armées de dents acérées. À l'âge adulte, ventre et nageoire anale deviennent rougeâtres. Liseré noir caractéristique sur la caudale.

Attrayant en banc quand il est encore de petite taille; on ne peut toutefois le placer dans un bac collectif car il est carnivore et agressif. Il faut être très prudent en le manipulant. Son alimentation se compose de viande crue, poissons, insectes, etc. Adulte, il nécessite un bac de grande taille.

Bassin de l'Orénoque en Guyane, bassin de l'Amazone et autres cours d'eau d'Amérique du Sud.

Il existe plusieurs espèces de piranhas, *Serrasalmus rhombeus* étant considéré comme le plus agressif.

24-27 °C; 80 cm

RASBORA NAIN

Jusqu'à 2,5 cm — *Rasbora maculata*

Corps brun rougeâtre virant à l'orangé vers le centre. Une grande tache sombre à l'arrière des ouïes, une autre plus petite à la base de la queue. La base de la nageoire anale est ponctuée de deux taches chez la femelle, d'une seule chez le mâle.

Ce poisson miniature rend mieux en banc dans un bac à arrière-plan sombre éclairé de l'avant. Il peut être placé dans un aquarium collectif avec de petites espèces. Apprécie une végétation dense comprenant quelques plantes à feuilles larges créant des zones ombragées. Difficile à reproduire.

Malaisie.

Aucune espèce similaire.

21-25 °C; 30 cm

POISSON-ARLEQUIN

Rasbora heteromorpha Jusqu'à 4,5 cm

Ce petit poisson se distingue par une large marque noire cunéiforme couvrant presque entièrement la moitié arrière de son corps. Chez le mâle, la pointe inférieure de cette marque, plus nette, s'étend jusqu'à la ligne du ventre.

Poisson calme, grégaire, pouvant être mêlé à d'autres espèces de même taille, bien qu'un banc de rasboras suffise à animer un aquarium. L'eau doit être douce et le fond du bac garni de tourbe. Il est peu exigeant, mais assez difficile à reproduire. Les œufs sont déposés au dos de larges feuilles immergées.

Sud de la Thaïlande, Malaisie et Sumatra.

Aucune espèce similaire.

22-25 °C; 30 cm

DANIO

Jusqu'à 4,5 cm *Brachydanio rerio*

1

Petit poisson fuselé à livrée dorée striée de bandes horizontales bleu cobalt. Nageoires caudale et anale également zébrées de bleu. Chez le **Danio tacheté** *(B. nigrofasciatus)* **(1)**, la partie inférieure du corps est parsemée de taches bleues.

Ces poissons robustes réclament peu de soins. Actifs, ils évoluent dans la partie supérieure de l'aquarium et s'accommodent de la compagnie d'autres espèces de vivacité équivalente. Leur ménager un grand espace dégagé où ils puissent nager à leur aise. Faciles à reproduire.

Danio : Inde; Danio tacheté : Birmanie.

Aucune espèce similaire.

19-25 °C; 30 cm

BARBUS DE CEYLAN

Barbus cumingi Jusqu'à 5 cm

Petit poisson au corps trapu dont la livrée argentée nuancée de jaune est plus sombre sur le dos. Tache noire à l'avant de la queue et marque noire plus étendue à l'arrière des ouïes. Dorsale rose pointillée de noir chez le mâle.

Peu exigeant. Conditions d'élevage similaires à celles des autres petits barbus. Se plaît en petits groupes et évolue à mi-eau ou près du fond. Consomme toutes les nourritures habituelles. Reproduction possible en captivité mais écarter les parents après le frai, car ils peuvent dévorer les œufs.

Rivières de montagne au Sri Lanka.

Voir autres barbus.

24-27 °C; 40 cm

BARBUS CERISE

Jusqu'à 5 cm *Barbus titteya*

Poisson à corps argenté, plus sombre sur le dos. Une ligne latérale noire doublée d'une raie dorée s'étend du museau à la caudale. Nageoires rouges. Bouche munie d'une paire de barbillons. À la saison du frai, le mâle devient rouge carmin.

Actif, pacifique, mais plutôt timide; se tient à l'écart des autres espèces. Il lui faut un éclairage tamisé et une végétation assez dense comprenant un couvert de plantes flottantes. Toutes les nourritures lui conviennent. Sa reproduction est assez délicate à obtenir.

Sri Lanka.

Barbus vert; Nigro; Conchonius.

23-26°C; 30 cm

OLIGOLEPIS

Barbus oligolepis

Jusqu'à 5 cm

Petit poisson brun rougeâtre clair à grandes écailles miroitantes ponctuées de noir créant un effet de damier sur les flancs. Les nageoires sont orangées, la dorsale et l'anale liserées de noir. Bouche munie d'une paire de barbillons.

Poisson paisible et sociable. Apprécie un bac à fond garni de tourbe. Conditions d'élevage similaires à celles des autres petits barbus. S'accommode de la compagnie d'autres espèces. Se reproduit assez facilement; les œufs sont libérés parmi les plantes et adhèrent aux feuilles.

Sumatra.

Aucune espèce similaire.

23-24 °C; 40 cm

NIGRO

Jusqu'à 6 cm

Barbus nigrofasciatus

Livrée d'un jaune assez terne, parcourue de bandes verticales sombres à contours flous. À l'époque du frai, la tête du mâle se colore d'un beau rouge pourpre.

Poisson actif et grégaire, très facile à élever, omnivore. Il apprécie un bac à fond sombre garni de racines, avec de grands espaces dégagés et bien éclairés, mais devient presque incolore sous une lumière trop vive. Il se reproduit facilement, surtout s'il est nourri de proies vivantes.

Rivières ombragées du Sri Lanka.

Conchonius, Barbus cerise.

19-25 °C; 40 cm

DANIO ROSÉ

Brachydanio albolineatus Jusqu'à 6 cm

Poisson à livrée bleutée virant au mauve sur la moitié postérieure du corps rehaussée d'une ligne latérale rouge. Selon son orientation par rapport à la lumière, il se pare de reflets nacrés. Sa bouche est munie de deux paires de barbillons.

Très facile à élever et à reproduire. Il évolue à mi-eau ou près de la surface et consomme toutes les nourritures habituelles. Nageur rapide, plein de vivacité, appréciant la lumière du soleil qui stimule son activité et rehausse les couleurs de sa robe irisée.

Sud-Est asiatique : partie orientale de l'Inde, et Sumatra

Autres danios assez similaires.

20-25 °C ; 40 cm

BARBUS DORÉ

Jusqu'à 7 cm

Barbus schuberti

Livrée de couleur miel, nageoires brun orangé. Moitié supérieure du corps éclaboussée de taches noires irrégulières. Pas de barbillons.

Très facile à élever et à reproduire, sans exigences particulières. Peut être introduit dans un bac collectif où il évoluera à mi-eau ou près de la surface. Apprécie quelques touffes de verdure lui offrant des abris. Fraie en eau peu profonde; les œufs sont libérés parmi les plantes.

D'origine inconnue; on pense qu'il s'agit d'une forme de Barbus vert.

Barbus vert. Le **Tétra citron** est plus pâle, ses écailles sont plus fines et sa nageoire anale plus développée.

20-24 °C; 40 cm

BARBUS VERT

Barbus semifasciolatus

Jusqu'à 7 cm

Corps brun clair à nuance verdâtre. Flancs ornés de plusieurs courtes barres verticales sombres. Nageoires teintées de jaune. À la saison du frai, la livrée du mâle devient rougeâtre.

Poisson robuste, facile à élever et à reproduire. Il se tient à mi-eau, ou au fond, occupé à fouiller le substrat. Apprécie une eau claire, bien régénérée. Avant l'accouplement, le mâle tourne autour de la femelle, lui donnant des coups de museau et de queue pour la pousser dans les plantes.

Sud-est de la Chine.

D'autres petits barbus ont une forme similaire : **Barbus cerise.** Le **Barbus doré** serait une forme dérivée de cette espèce.

17-25 °C; 40 cm

BARBUS DE SUMATRA

Jusqu'à 7 cm *Barbus tetrazona*

Plusieurs espèces et sous-espèces sont connues sous le nom de «Barbus de Sumatra». Le plus apprécié et le plus facile à élever est *B. tetrazona,* à livrée dorée barrée de quatre bandes verticales noires et à nageoires rouges.

Poisson remuant, assez batailleur, se tenant dans la couche moyenne de l'aquarium, considéré parfois comme peu recommandable pour un bac collectif. Aime vivre en banc, accepte toutes les nourritures et se reproduit facilement. La femelle libère jusqu'à 1 000 œufs après chaque accouplement.

Sumatra et Bornéo.

Les trois autres barbus dits de Sumatra sont *Barbus pentazona*, à cinq bandes, *Barbus hexazona,* à six bandes et *Barbus partipentazona,* à demi-bande partant de la nageoire dorsale.

20-25 °C; 40 cm

TICTO

Barbus ticto — Jusqu'à 8 cm

Poisson argenté nuancé de jaune au corps marqué de deux taches noires, l'une à l'arrière des ouïes, l'autre à l'avant de la queue. Nageoires translucides teintées de jaune. Chez le mâle, la dorsale est bordée de rouge.

Poisson très-remuant, mais pacifique. Il vit de préférence en groupes et cohabite volontiers avec d'autres espèces. Il lui faut un bac bien fourni en plantes, mais bien éclairé. Peu exigeant, il se reproduit assez facilement, frayant parmi le plantes. Alimentation variée, dont végétaux.

Inde et Sri Lanka.

Puntius ticto stoliczkae est très proche d'aspect, mais plus massif. En outre, la dorsale du mâle est rouge vif ponctuée de noir.

23-26°C; 50 cm

MALABAR

Jusqu'à 12 cm *Danio malabaricus*

Dos gris-vert et flancs bleus parcourus de deux bandes horizontales jaunes. Bouche munie d'une paire de barbillons. À la saison du frai, les nageoires virent au rouge.

Ce nageur rapide, très actif, évolue près de la surface et se plaît en bancs. Il accepte toutes les nourritures courantes. Faciles à élever, sans exigences particulières, très prolifique. Il fraie dans des plantes à feuillage fin, où la femelle libère jusqu'à 1 000 œufs par accouplement.

Côtes occidentales de l'Inde et Sri Lanka.

D. devario, assez semblable, est vert à reflets argentés et ses flancs sont striés verticalement de marques jaunes peu distinctes.

20-24 °C; 50 cm

EPALZEO

Epalzeorhynchus kallopterus Jusqu'à 12 cm

Moitié supérieure du corps d'un jaune tilleul doré, ligne du dos marquée d'anthracite. Large bande latérale noire courant du bout du museau jusqu'à l'échancrure de la caudale. Bouche retombante munie de deux paires de barbillons.

Ce poisson défend farouchement son territoire et peut se montrer agressif envers ses compagnons, même ceux de son espèce. Le placer de préférence dans un bac spacieux. Il se tient près du fond, nettoyant le bac des algues qui s'y forment. Accepte toutes les nourritures. Reproduction jamais obtenue en captivité.

Bornéo et Sumatra.

Aucune espèce similaire.

22-25 °C; 50 cm

QUEUE ROUGE

Jusqu'à 12 cm

Labeo bicolor

Parfois dénommé à tort « Requin à queue rouge » puisqu'il n'a aucun lien de parenté avec les requins. Magnifique contraste entre le noir velouté du corps et le rouge vermillon de la caudale. Bouche hérissée de deux paires de petits barbillons.

Lui offrir un bac à lumière diffuse garni de roches lui assurant de nombreuses cachettes. Pacifique envers d'autres espèces, il se montre territorial et agressif envers ses congénères. Il accepte toutes les nourritures, consommant aussi les algues. Sa reproduction a rarement été obtenue en aquarium.

Thaïlande.

Labéo noir.

25 °C; 50 cm

CONCHONIUS

Barbus conchonius Jusqu'à 14 cm

Poisson argenté au dos verdâtre. À la saison des amours, les nageoires, les flancs et le ventre du mâle prennent une coloration rose soutenue; chez la femelle, seules les nageoires sont roses. Tache noire à l'avant de la queue. Pas de barbillons.

Très facile à élever, sans exigences particulières. Peut être placé en compagnie d'espèces de même taille. C'est une espèce très prolifique qui se reproduit facilement en captivité si la végétation est assez dense. Se plaît en bancs et apprécie une lumière vive.

Rivières du nord-est de l'Inde.

Nigro. Il existe d'autres espèces de barbus à nageoires rouges : **Barbus cerise.**

12-15 °C; 60 cm

POISSON-CISEAUX

Jusqu'à 15 cm *Rasbora trilineata*

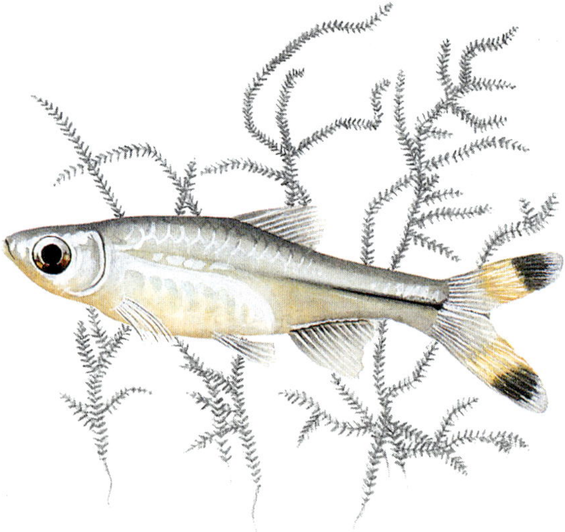

Corps élancé brun verdâtre à reflets argentés. Ligne latérale noire allant en s'amincissant de la base de la queue aux ouïes. Les mouvements de sa caudale, dont les lobes tachés de noir s'ouvrent et se ferment à la manière de ciseaux, lui ont valu son nom.

Nageur rapide toujours en mouvement, il peut être élevé dans un bac collectif peuplé d'espèces de la même taille. Lui ménager un grand espace dégagé où il puisse nager librement. Il consomme des nourritures sèches ou vivantes. Sa reproduction est difficile à obtenir, car il atteint rarement sa taille adulte en captivité.

Sud de la Malaisie, Singapour et Sumatra.

Aucune espèce similaire.

18-25 °C; 50 cm

SCHWANENFELDI

Barbus schwanenfeldi Jusqu'à 32 cm

Poisson à corps trapu. La ligne ornant le dos s'élève avec l'âge. Livrée argentée à vifs reflets métalliques, ventre crème. Les nageoires sont orange foncé, à l'exception des pectorales.

Attrayant dans un petit aquarium quand il est jeune, ce poisson grandit assez vite et doit alors être transféré dans un bac plus spacieux. Ce végétarien broute toutes les plantes de l'aquarium s'il ne reçoit pas une quantité suffisante de végétaux. Sa reproduction a rarement été obtenue en captivité.

Sumatra, Bornéo, Malaisie et Thaïlande.

Aucune espèce similaire.

20-25 °C; 70 cm

GYRINO

Atteint 13 cm en captivité *Gyrinocheilus aymonieri*

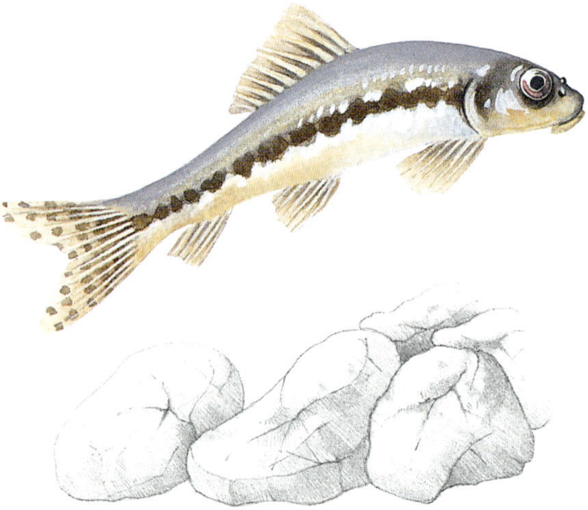

Poisson allongé, au dos arqué à l'avant. Située en position ventrale, la bouche à lèvres épaisses fait office de ventouse. Corps gris-brun animé de marques latérales sombres. Nageoires mouchetées. Peut atteindre 30 cm dans son milieu naturel.

Poisson pacifique à introduire dans un grand aquarium à végétation dense, où il éliminera efficacement les dépôts d'algues. Il se tient près du fond ou se fixe aux parois du bac. Peut cohabiter avec d'autres espèces, mais devient querelleur avec l'âge. Nourriture essentiellement végétale (algues, laitue, épinards).

Thaïlande.

Aucune espèce similaire.

20-30 °C; 40 cm

BALANTIO

Balantiocheilus melanopterus Jusqu'à 36 cm

Ce beau poisson dont la silhouette rappelle celle du requin porte des nageoires jaunes frangées de noir contrastant agréablement avec son corps argenté.

Poisson actif attrayant en banc quand il est jeune. Les adultes doivent être élevés dans un grand bac collectif avec des espèces de taille équivalente. Cette espèce accepte des aliments vivants ou secs.

Bornéo, Sumatra et Thaïlande.

Aucune espèce similaire.

24 °C; 90 cm

LABÉO NOIR

Jusqu'à 60 cm

Morulius chrysophekadion

Ce poisson est souvent affublé de l'appellation trompeuse de «Requin noir», sa silhouette rappelant celle d'un requin. Il est entièrement noir et porte deux paires de petits barbillons autour de la bouche.

Bien qu'étant pacifique et même assez farouche, il inspire une certaine crainte aux autres espèces quand il atteint sa taille adulte. Les adultes doivent être élevés dans un grand bac. Ce poisson aime fouiller le fond du bac et manger les algues qui s'y forment. Accepte toutes les nourritures.

Sud-Est asiatique.

Queue rouge.

22-27 °C; 60 cm

CORYDORAS

Corydoras paleatus

Jusqu'à 7 cm

Poisson-chat cuirassé, recouvert de plaques osseuses disposées en deux rangées imbriquées l'une dans l'autre. Corps d'un vert-bleu terne marbré de brun, ventre plus pâle. Nageoires mouchetées, pectorales et pelvienne exceptées. Deux paires de barbillons.

Poisson pacifique, apprécié comme nettoyeur de fond dans un bac collectif. Peu exigeant, omnivore, il est facile à élever et se reproduit sans problème. Il aime fouiller le substrat du bac, qui doit être meuble. Eau douce légèrement alcaline et éclairage tamisé.

Rivières à courant lent du bassin du Rio de la Plata, Brésil.

Fouilleur ; *C. trilineatus* : gris-bleu clair à taches noires; *C. melanistius* et *C. reticulatus* : pâles à marques sombres.

18-29 °C; 40 cm

FOUILLEUR

Jusqu'à 7 cm *Corydoras aeneus*

Poisson-chat cuirassé, au corps jaune doré recouvert de deux rangées de plaques osseuses entrecroisées. Tache cuivrée sur la tête. Bouche prolongée de deux paires de barbillons retombants. Il existe aussi une forme albinos.

Comme tous les corydoras, il est omnivore et aime fouiller le sol. Ce sera donc un bon nettoyeur de fond dans un bac collectif. Garnir le bac d'un substrat qu'il puisse explorer. Facile à élever et à reproduire.

Trinidad, nord de l'Amérique du Sud : du Venezuela au Rio de la Plata.

Corydoras.

18-29 °C; 40 cm

KUHLI

Acanthophtalmus kuhli Jusqu'à 11 cm

1

Corps serpentiforme jaune orangé, zébré d'une dizaine de larges bandes noires. Le **Botia-clown** *(Botia macracantha)* **(1)** (atteignant 30 cm à l'état sauvage) a un corps plus trapu, à dos élevé, parcouru de trois bandes verticales noires.

De mœurs nocturnes, ce sont des poissons de fond qui aiment creuser le substrat et contourner les bases des plantes. Friands de vers, ce qui les fait sortir de leur cachette, ils acceptent aussi les aliments secs et les végétaux, à distribuer sur le fond. Réclament une eau douce. Très sociables.

Kuhli : Malaisie; Botia-clown : Bornéo et Sumatra.

A. semicinctus : dessin moins net, nageoire dorsale implantée plus près de la tête; *B. hymenophysa* : ressemble plus au Botia-clown; onze bandes sombres sur fond beige.

27 °C; Kuhli : 30 cm; Botia-clown : 50 cm

MODESTA

Jusqu'à 10 cm *Botia modesta*

Corps gris verdâtre au dos modérément élevé. Nageoires teintées de jaune ou d'orangé. Tache sombre peu distincte à la base de la queue. Bouche munie de trois paires de barbillons.

Poisson craintif, à forte activité nocturne. Tolère mal la présence d'autres représentants de son espèce. N'introduire donc qu'un seul individu dans un bac peuplé d'autres poissons. Comme les autres loches, il se tient près du fond, où il faut lui distribuer des nourritures sèches ou vivantes.

Thaïlande, Viêt-nam et Malaisie.

Différente des autres loches. Autres espèces à nageoires orangées : le **Tétra à queue rose,** l'**Aphyocharax à nageoires rouges** et le **Tétra de Buenos Aires.**

24-30 °C; 30 cm

SILURE DE VERRE

Kryptoterus bicirrhis — Jusqu'à 10 cm

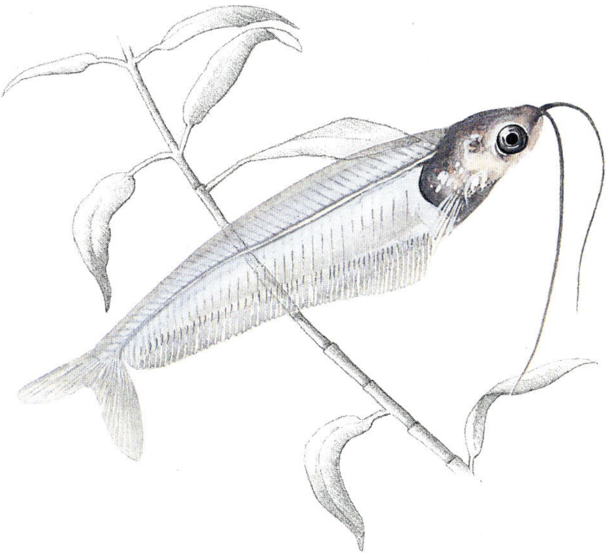

Poisson fascinant, au corps transparent comme du verre laissant voir tous les détails du squelette. Les organes internes, ramassés derrière la tête, dessinent une plage sombre. Mâchoire supérieure munie de barbillons filiformes.

Contrairement aux apparences, il s'agit d'un poisson robuste et facile à élever. Il se plaît en banc dans un aquarium spacieux bien planté. Pacifique, il fait bon ménage avec d'autres espèces. Il évolue à mi-eau, en position oblique, tête vers le haut, frétillant sans cesse de la queue.

Bornéo, Sumatra et Java.

Aucune espèce similaire.

20-26 °C; 40 cm

PIMELO TACHETÉ

Jusqu'à 17 cm — *Pimelodella picta*

Poisson de ligne élancée à peau nue, dépourvue d'écailles ou de plaques osseuses. Fond gris pâle, moitié supérieure du corps et nageoires parsemées de taches noires. Bouche entourée de trois paires de barbillons.

Paisible, surtout nocturne, il réclame une eau douce, une lumière tamisée et de nombreuses cachettes. On peut le placer dans un bac avec des espèces compatibles, où il fera office de nettoyeur de fond, y ramassant les aliments oubliés par ses compagnons. Il est friand de proies vivantes (insectes, vers).

Amérique du Sud : du Venezuela au Rio de la Plata.

P. gracilis a un corps brun-vert parcouru d'une ligne latérale noire; *P. meeki* est strié de bandes horizontales blanches et bleu-gris foncé.

18-24 °C; 50 cm

SUCEUR

Plecostomus punctatus

Jusqu'à 30 cm

Livrée brun-marron constellée de taches noires, nageoires comprises. Bouche ventrale, faisant office de ventouse, surmontée d'une paire de barbillons. Prendre garde, en le manipulant, à l'épine de la nageoire dorsale.

Poisson d'activité essentiellement nocturne et plutôt farouche. C'est un bon auxiliaire pour l'entretien de l'aquarium : il élimine les dépôts d'algues sur les parois et les plantes. Il tolère d'autres espèces mais peut se montrer agressif lors de l'introduction de nouveaux sujets. Omnivore.

Sud du Brésil.

Loricaria filamentosa est plus svelte et plus allongé, sa nageoire dorsale est moins développée et le lobe supérieur de la caudale est très effilé.

24 °C; 60 cm

CLARIAS

Jusqu'à 50 cm *Clarias batrachus*

Grand poisson-chat dont le corps n'est recouvert d'aucune écaille ou plaque osseuse. Quatre paires de barbillons entourent la bouche. Livrée bleu-gris nuancée de bronze sur le dos et mouchetée de blanc sur les flancs. Il existe une forme albinos.

Ce prédateur vorace doit être élevé à part et nourri de proies vivantes (vers, insectes) ou de viande fraîche. Il accepte aussi les nourritures sèches. Évoluant près du fond, il aime fouiller le substrat qui doit être meuble. Réclame une eau douce. Les adultes doivent être élevés dans un grand bac.

Ceylan, est de l'Inde, Birmanie et archipel malais.

Clarias angolensis, d'Afrique tropicale, atteint à peu près la même taille. Coloration brune à noire, nuancée de bronze sur le dos, flancs parsemés de taches claires.

20-25°C; 100 cm

POISSON-ROSEAU

Erpetoichthys calabaricus Jusqu'à 90 cm

Poisson serpentiforme d'un brun terne. Mâle et femelle diffèrent par le nombre de rayons de leur nageoire anale : de 12 à 14 pour le mâle, de 9 à 12 pour la femelle.

Pacifique, assez craintif, de mœurs nocturnes. Il se déplace en mouvements ondulants au fond du bac. Consomme des proies vivantes. Peut utiliser l'oxygène de l'air et remonte parfois en surface pour respirer. Fait bon ménage avec d'autres espèces, mais nécessite rapidement un grand bac.

Afrique tropicale : delta du Niger et Cameroun.

Aucune espèce similaire.

22-27 °C ; minimum 80 cm

FILAMENTOSUM

Jusqu'à 5 cm *Aphyosemion filamentosum*

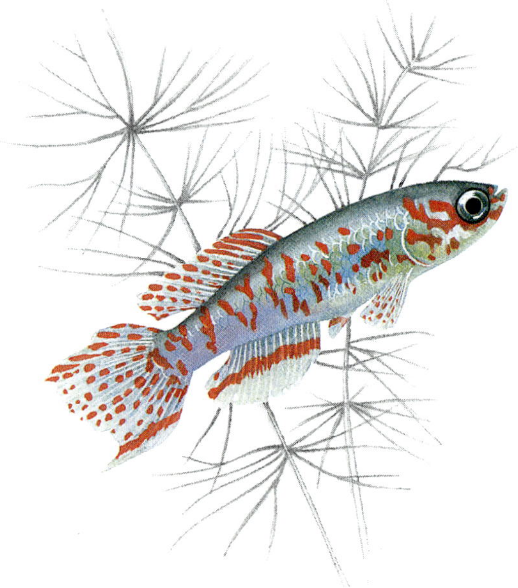

Cyprinodontidé ovipare au corps et aux nageoires vert bleuté parsemé d'une multitude de taches rouges. Chez la femelle, plus terne, les rayons de la caudale et de l'anale ne sont pas prolongés comme chez le mâle.

Ne placer qu'un seul couple dans un bac qui lui soit réservé. Ce poisson apprécie une végétation abondante comprenant des plantes flottantes, et un substrat mou. Il se tient surtout à mi-eau. Consomme des aliments vivants et secs. Préfère une eau douce, acidifiée par un lit de tourbe. Fraie près du fond.

Sud-ouest du Nigeria.

Cap Lopez.

20-24 °C; 30 cm

CAP LOPEZ

Aphyosemion australe

Jusqu'à 6 cm

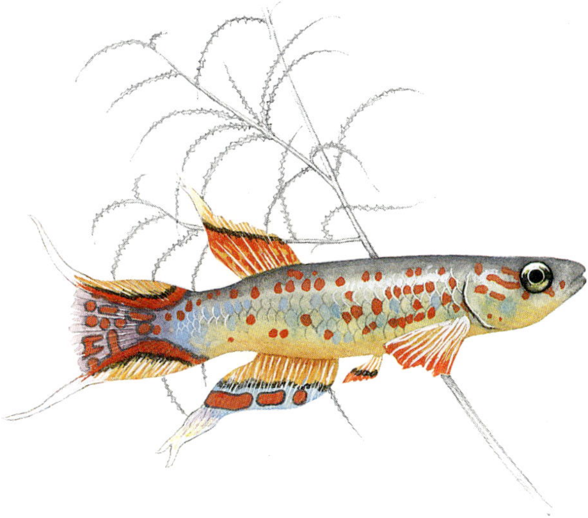

Poisson ovipare de la famille des Cyprinodontidés. Magnifique robe argentée parsemée de taches grenat. Caudale à bords jaunes doublés de grenat et pointes blanches effilées en forme de lyre. Dorsale et anale liserées de grenat. Il existe une forme dorée.

L'eau doit être douce, légèrement acidifiée par un lit de tourbe. Ce poisson se plaît dans un bac richement planté, garni de racines et de roches lui assurant des abris. Nourritures sèches et vivantes. Reproduction plus facile à obtenir dans une eau très douce. Fraie parmi les plantes fines. Aquarium spécifique.

Plans d'eau ombragés d'Afrique équatoriale : Cameroun, Gabon et Zaïre.

Filamentosum.

23-28°C; 30 cm

PANCHAX COMMUN

Jusqu'à 8 cm *Aplocheilus panchax*

Membre de la famille des Cyprinodontidés, ovipare. Il a l'allure d'un brochet avec sa bouche s'ouvrant en haut du museau. Le mâle est de couleur variable, généralement brun clair à reflets bleutés et nageoires orangées. Dorsale ponctuée de noir.

Prédateur vivant et se nourrissant en surface. Il tolère un bac collectif peuplé d'espèces de même taille. C'est l'un des Cyprinodontidés les plus faciles à élever et à reproduire. Fraie parmi les plantes fines. Eau douce, végétation assez dense, dont un couvert partiel de plantes flottantes.

Nord-est de l'Inde, Birmanie, Thaïlande et archipel malais.

A. blocki est plus petit, sa livrée brun verdâtre mouchetée de taches claires; *A. dayi* a une nageoire anale en pointe et des taches noires sur le corps.

20-25 °C; 30 cm

GUPPY

Poecilia reticulata Jusqu'à 6 cm (femelle), 3 cm (mâle)

D'innombrables variétés ont été créées à partir de la forme sauvage de ce poisson vivipare bien connu, le mâle ayant des nageoires de profils et teintes variés. Le rouge, le bleu, le jaune et l'orange prédominent. Femelle brun jaunâtre.

Ce poisson, robuste et pacifique, est très facile à élever. Il peut être placé dans un aquarium collectif. L'eau doit être de dureté moyenne, alcaline et saline. Lui distribuer les nourritures habituelles. Il mange aussi les algues.

Nord de l'Amérique du Sud.

Aucune espèce similaire.

20-24 °C; 30 cm

PLATY

Jusqu'à 6 cm (femelle), 4 cm (mâle) *Xiphophorus maculatus*

La forme sauvage de ce poisson vivipare est de teinte verdâtre nuancée de bleu. Plusieurs variétés aux couleurs plus vives ont été sélectionnées, dont le fameux **Platy corail (1).** Le **Platy variable** *(X. variatus)* **(2)** est vert à reflets irisés.

Ce sont des poissons robustes, faciles à élever, peu exigeants. Ils demandent une eau alcaline de faible dureté, une végétation abondante et beaucoup de lumière. Leur reproduction ne pose aucun problème. On peut les placer dans un aquarium collectif.

Platy : étangs et lacs d'Amérique Centrale; Platy variable : Mexique.

Xipho.

20-25 °C; 30 cm

BLACK-LYRE

Poecilia hybrides — Jusqu'à 10 cm

1

Poisson vivipare : les œufs fertilisés se développent entièrement à l'intérieur du corps de la femelle. Plusieurs variétés de ce poisson entièrement noir ont été produites, dont une forme lyre **(1)**.

Facile à élever et à reproduire. Comme tous les représentants du genre *Poecilia*, il s'alimente en permanence et apprécie un bac ensoleillé favorisant la croissance des plantes et des algues. Réclame aussi de fréquentes distributions de nourritures vivantes et sèches. Préfère une eau légèrement saline.

Du sud-ouest des États-Unis au Venezuela, Amérique Centrale incluse.

Aucune espèce similaire.

23-28 °C; 40 cm

BLACK

Jusqu'à 10 cm

Poecilia latipinna

Cyprinodontidé vivipare au corps jaune verdâtre émaillé de taches noires. L'imposante nageoire dorsale du mâle, mouchetée et iridescente, occupe toute la ligne du dos. Elle est beaucoup moins développée chez la femelle.

Se limiter à un seul couple, à placer dans un bac spécifique ou collectif. Ce poisson réclame un bac bien garni en plantes, roches et racines, et une grande zone dégagée pour nager à son aise. Eau de dureté moyenne, légèrement saline. Il est friand de végétaux, mais consomme aussi les aliments secs et vivants.

Embouchures des fleuves dans le sud-est des États-Unis.

L'espèce mexicaine *P. velifera* est très proche d'aspect, mais de plus grande taille.

20-24 °C; 50 cm

XIPHO

Xiphophorus helleri

Jusqu'à 12 cm

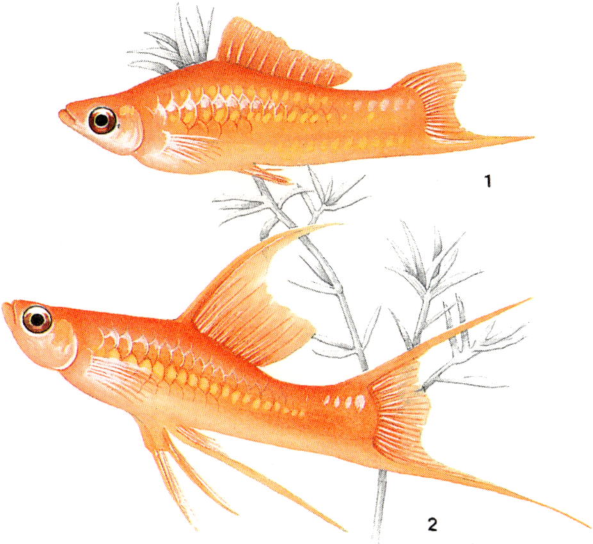

Cette espèce vivipare a fait l'objet de la création de plusieurs variétés aux couleurs éclatantes, dont celles de teinte orangée **(1)** ou « lyre » **(2).** Chez le mâle, la caudale est prolongée en épée.

Poisson actif, facile à élever et à reproduire, mais vorace. Ne convient qu'à un bac d'ensemble peuplé d'espèces de même taille. Lui ménager un grand espace libre, mais aussi des zones bien plantées où il puisse s'abriter. Eau de dureté moyenne, légèrement alcaline. Omnivore.

Mexique, Guatemala et Honduras.

Les femelles des formes orangées ressemblent parfois aux formes rouges du **Platy,** mais ce dernier est plus petit (6 cm).

20-25 °C; 50 cm

QUATRE-YEUX

Jusqu'à 20 cm

Anableps anableps

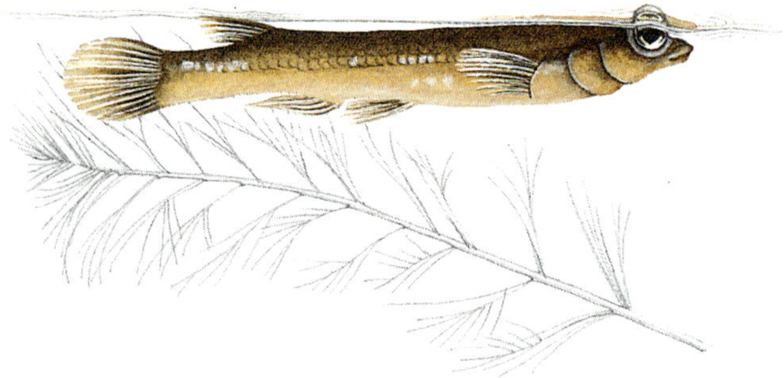

Poisson vivipare, se distinguant par des yeux exhorbités situés au sommet de la tête. Corps brun-jaune très allongé, caudale en éventail, petite nageoire dorsale placée loin en arrière.

Évolue généralement en surface, les yeux à demi immergés. Il lui faut un aquarium spacieux à faible hauteur d'eau. Il se nourrit d'insectes vivant à la surface de l'eau. Le bac bien couvert, garni de plantes flottantes, peut être collectif. Eau dure, saline.

Nord et centre de l'Amérique du Sud.

Aucune espèce similaire.

23-25 °C; 60 cm

APISTO AGAZI

Apistogramma agassizi Jusqu'à 6 cm (mâle)

Cichlidé nain. Robe brun doré rehaussée de reflets bleutés. Dorsale soulignée de pourpre à la base. La queue en fer de lance est liserée de blanc. La femelle, plus petite, à queue plus arrondie, est moins brillamment colorée.

Ce poisson, très facile à élever et à reproduire, accepte volontiers la compagnie d'autres espèces. Le couple fraie dans des cavités que le mâle nettoie soigneusement avant la ponte, la femelle prenant soin de sa progéniture. L'eau doit être douce, acidifiée par un lit de tourbe. Nourritures habituelles.

Bassin de l'Amazone.

Autres Cichlidés nains : *A. reitzigi*, corps argenté et nageoires teintées de jaune; *Nannacara anomala*, d'un brun verdâtre terne.

23-25 °C; 50 cm

PELMATO

Jusqu'à 8 cm (mâle)

Pelvicachromis pulcher

Ce poisson a un corps argenté aux couleurs changeantes, variant du bleu pâle au violet. Le ventre et la nageoire anale peuvent virer au pourpre, l'ensemble étant animé de reflets irisés. Connu autrefois sous le nom de *Pelmatochromis kribensis*.

Ce Cichlidé pacifique, omnivore, se tient surtout près du fond. Il peut être élevé avec d'autres espèces. L'eau du bac doit être saline. Les œufs, déposés dans une anfractuosité de roche, sont gardés par les deux parents; ce comportement est caractéristique des Cichlidés.

Régions côtières du Nigeria.

Multicolor.

24-27 °C; 60 cm

MULTICOLOR

Pseudocrenilabrus multicolor

Jusqu'à 8 cm

Cichlidé nain magnifiquement coloré. Livrée violette sur le dos, bleue et verte sur les flancs, jaune pâle au niveau du ventre. Écailles à bords argentés. Anale, dorsale et caudale émaillées de bleu clair. Anale liserée de rouge chez le mâle.

Chez ce Cichlidé, l'incubation des œufs a lieu dans la bouche de la femelle, où les alevins s'abritent ensuite un certain temps. Poisson robuste, peu exigeant quant à la qualité de l'eau, facile à élever et à reproduire. Il faut lui distribuer des aliments variés, y compris des morceaux de viande fraîche.

Bassin du Nil, de l'Égypte à la Tanzanie.

Pelmato.

20-25 °C; 40 cm

CICHLIDÉ DORÉ

Jusqu'à 8 cm

Etroplus maculatus

Ce Cichlidé à livrée jaune orangé se teinte d'un beau vert sur les flancs à la saison du frai. Lignes pointillées rouges parcourant horizontalement le corps, nageoires ponctuées de taches sombres. Flancs marqués d'une grande tache noire centrale.

Ce poisson assez délicat demande une eau dure et saline. Il est sociable et peut être élevé avec d'autres espèces de même taille et de mêmes exigences. Ne s'attaque pas aux plantes, comme le font d'autres Cichlidés. Alimentation variée.

Régions côtières de l'Inde et Sri Lanka.

Etroplus suratensis, bien plus grand (atteignant 40 cm) est d'un gris verdâtre terne, mais se pare de couleurs plus éclatantes à l'époque de la reproduction.

20-26°C; 50 cm

MBUNA BLEU

Labeotropheus trewavasae Jusqu'à 12 cm

L'un des plus beaux Cichlidés du lac Malawi, parfois dénommés Cichlidés du lac Nyassa. La livrée du mâle est d'un bleu lumineux, les nageoires dorsale et anale rouges ou orangées. La femelle peut être bleue, ou marbrée de gris, brun et orange.

Assez agressif, ce poisson doit être isolé dans un aquarium assez spacieux rempli d'une eau de dureté moyenne. C'est un végétarien qui accepte cependant les nourritures vivantes et sèches. Prévoir un décor de roches où il puisse s'abriter. L'incubation des œufs a lieu dans la bouche de la femelle.

Lac Malawi, Afrique.

Pseudotropheus zebra, au corps plus trapu, est rayé de six barres verticales sombres et sa dorsale n'est pas rouge orangé.

22-25 °C; 80 cm

DISCUS

Jusqu'à 12 cm

Symphysodon discus

Cichlidé à corps discoïdal, comprimé latéralement. Il peut être brun, marbré horizontalement de bleu-gris, mais sa coloration est en fait très variable.

Poisson pacifique, grégaire, mais à isoler dans un bac spécifique car il réclame des soins spéciaux. Il lui faut un bac large et profond, une eau douce acidifiée par un lit de tourbe, de grandes plantes et une vaste zone libre pour nager. Consomme des proies vivantes et des végétaux. Œufs déposés sur roches et feuilles.

Bassin de l'Amazone.

S. aequifasciatus haraldi, *S.a. aequifasciatus* et *S.a. axelrodi* ont tous le même profil et une teinte dominante variable; ils sont parfois considérés commes des espèces distinctes.

24-30°C; 100 cm

ACARA BLEU

Aequidens pulcher

Jusqu'à 15 cm

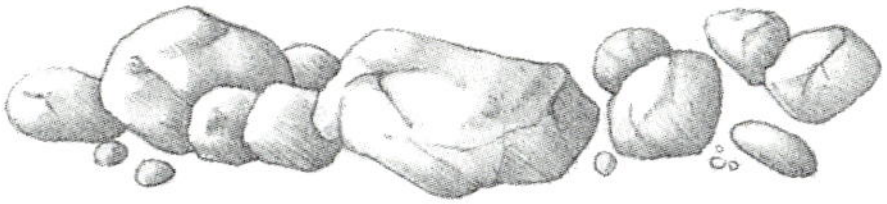

L'un des Cichlidés les plus faciles à élever. Corps brun verdâtre à reflets bleus sur les flancs. Bandes verticales sombres latérales. Nageoires ponctuées de turquoise.

Peu exigeant et facile à reproduire. De caractère pacifique, il peut être introduit dans un bac collectif peuplé de grandes espèces. Les œufs sont déposés sur des roches ou sur le fond et gardés par les parents, ainsi que les alevins, comme chez de nombreux Cichlidés. Se nourrit d'insectes, crustacés et vers.

Amérique Centrale et Trinidad.

Autres Cichlidés : *A. maroni* et *A. portalegrensis* se distinguent par une marque noire latérale s'étendant sur la moitié du corps.

22-26 °C ; 80 cm

FESTIVUM

Jusqu'à 15 cm *Cichlasoma festivum*

Corps d'un jaune tirant sur le vert parcouru de plusieurs bandes verticales. Une bande noire oblique part de la bouche, passe sur l'œil et continue jusqu'à la pointe arrière de la dorsale. Ocelle noir cerclé de jaune sur la base de la queue.

Poisson pacifique, assez farouche, à placer dans un bac bien fourni en plantes et garni de racines lui assurant des cachettes. Il évolue près du fond. Facile à élever et à reproduire, il peut être mêlé à d'autres grandes espèces, bien qu'un seul couple élevé isolément rende mieux. Fraie parmi les plantes.

Guyane, bassin de l'Amazone.

Meeki. *C. citrinellum* possède la même silhouette, mais il est d'un brun terne à reflets dorés, n'a pas l'œil barré de noir et est agressif.

20-26 °C; 60 cm

MEEKI

Cichlasoma meeki — Jusqu'à 15 cm

Chez ce Cichlidé, le contraste est saisissant entre le bleu sombre du corps et le rouge lumineux du ventre et de la gorge. Grande tache sombre cerclée de jaune sur l'opercule branchial.

Poisson pacifique, facile à élever. Il convient à un aquarium collectif peuplé d'autres grandes espèces. Contrairement à certains autres Cichlidés, il n'a pas la fâcheuse habitude de déraciner les plantes. Lui fournir des nourritures sèches et vivantes.

Amérique Centrale : Yucatán, Guatemala.

Festivum.

20-25 °C; 60 cm

SCALAIRE

Jusqu'à 15 cm *Pterophyllum scalare*

Poisson bien connu des aquariophiles, au corps discoïdal argenté rayé de noir dont la hauteur est accentuée par des nageoires dorsale et anale très effilées. Grande variété de formes et de couleurs.

Facile à élever. Il faut lui fournir un bac spacieux à végétation abondante, garni de quelques roches. C'est un poisson grégaire qui évolue à mi-eau avec une lenteur majestueuse. Accepte un bac collectif et les nourritures habituelles. La ponte a lieu sur une grande feuille ou une pierre plate.

Bassin de l'Amazone.

Monodactylus sebae, légèrement plus grand, possède la même silhouette, mais ses nageoires sont moins développées et les bords de sa caudale ne sont pas effilés. Il est plus rare.

22-30°C; 60 cm

CICHLIDÉ DU TEXAS

Herichthys cyanoguttatus Jusqu'à 25 cm

Ce grand Cichlidé de coloration dominante brune a le corps et les nageoires entièrement émaillés de taches bleues.

C'est un poisson agressif qu'il vaut mieux tenir à l'écart des autres espèces. Il a tendance à déraciner les plantes. La garniture de l'aquarium doit donc se limiter à des roches et des racines sur lit de gravier. Les œufs sont déposés et fertilisés sur une pierre plate bien propre. Alimentation variée.

Texas et nord du Mexique.

Aucune espèce similaire.

15-25°C; 80 cm

OSCAR

Jusqu'à 30 cm *Astronotus ocellatus*

Ce grand Cichlidé se rencontre sous diverses formes colorées, les plus connues étant l'Oscar rouge, l'Oscar doré et l'Oscar vert tigré. À l'état sauvage, sa livrée gris verdâtre est parsemée de marques irrégulières brun rougeâtre sur les flancs.

Facile à élever et à reproduire, ce poisson devient vite trop grand pour un aquarium de taille moyenne. De plus, c'est un sujet vorace et un fouilleur acharné qui a tendance à déraciner les plantes. Les œufs, déposés à découvert sur des roches, sont gardés par les deux parents.

Amazone, Rio Negro et Rio Paraguay.

Aucune espèce similaire.

22-27 °C; 80 cm

GOURAMI MIEL

Colisa chuna Jusqu'à 4,5 cm

L'un des plus petits représentants du genre *Colisa*. Sa robe couleur miel à reflets dorés se nuance de vert-bleuâtre à noir sur la gorge et le ventre du mâle à la saison du frai. Nageoires ventrales transformées en longues antennes tactiles.

Facile à élever et à reproduire, ce petit poisson tolère mal la compagnie d'autres espèces plus remuantes. Il vaut mieux isoler un couple dans un bac spécifique, à végétation dense et lit de tourbe. Le couple bâtit pour les œufs un nid de bulles enrobées de mucus salivaire. Nourritures sèches et vivantes.

Nord-est de l'Inde et Bangladesh.

Gourami nain; les autres gouramis sont généralement plus grands.

24-26 °C; 30 cm

GOURAMI NAIN

Jusqu'à 6 cm *Colisa sota*

Corps parcouru de bandes obliques turquoise à reflets argentés et rouge vif ou jaune orangé, se poursuivant en pointillés sur les nageoires. Nageoires anale, dorsale et caudale bordées de rouge. Le mâle est plus coloré, surtout à l'époque du frai.

Ce poisson apprécie un bac ensoleillé ou bien éclairé (une lumière vive favorisant la formation d'algues) garni d'épaisses touffes de végétation et d'un couvert de plantes flottantes. Construit un nid de bulles, comme la plupart des gouramis. Habituellement pacifique, le mâle devient agressif à la saison du frai.

Nord-est de l'Inde et Bangladesh.

Gourami miel; les autres gouramis sont plus grands.

20-26°C; 30 cm

COMBATTANT

Betta splendens Jusqu'à 6 cm

Poisson très apprécié des aquariophiles pour ses longues nageoires souples aux teintes éclatantes. De magnifiques variétés rouges, violettes, bleues ou vertes ont été obtenues. Les femelles, plus ternes, ont des nageoires moins développées.

Les mâles se livrent entre eux de violents combats dont ils ressortent les nageoires en lambeaux, mais sont individuellement pacifiques. On peut donc placer un mâle et plusieurs femelles dans un bac collectif bien planté, à eau douce. Ces poissons construisent pour leurs œufs un nid de bulles enrobées de salive.

La forme sauvage est originaire du Sud-Est asiatique.

Aucune espèce similaire.

26-30 °C; 50 cm

GOURAMI GÉANT

Jusqu'à 10 cm *Colisa fasciata*

La livrée du mâle, d'un brun rouge chaud, est parcourue de bandes diagonales bleues. Les nageoires dorsale et anale sont bleues avec quelques touches de rouge, la caudale est rouge mouchetée de bleu. Nageoires ventrales transformées en filaments tactiles.

Ce poisson se plaît dans un bac à végétation dense comprenant des plantes flottantes, bien éclairé (pour le développement des algues). Pacifique, plutôt craintif, il peut être mêlé à d'autres espèces, bien que le mâle se montre agressif au moment du frai. Nourritures sèches et vivantes. Construit un nid de bulles.

Inde, Birmanie, Thaïlande et Malaisie.

C. labiosa est très proche d'aspect, que ce soit par la silhouette ou les couleurs. Certains pensent qu'il s'agit de la même espèce.

20-26 °C; 40 cm

GOURAMI MOSAÏQUE

Trichogaster leeri Jusqu'à 11 cm

Magnifique poisson au corps et aux nageoires d'un vert olive doré émaillé de petites taches blanches scintillant comme des perles. Une ligne latérale noire court du bout du museau à la queue. La gorge du mâle devient orange quant il est excité.

Poisson pacifique, facile à élever et à reproduire. Mêmes exigences que les autres gouramis. Il préfère une hauteur d'eau modérée. Son alimentation doit comporter des nourritures sèches et vivantes. Peut cohabiter avec d'autres espèces.

Thaïlande, Malaisie, Bornéo et Sumatra.

Autres gouramis assez semblables : *T. microlepis* à éclat argenté uniforme produit par de minuscules écailles; *T. trichopterus*, au corps marqué de deux taches noires.

23-30 °C; 50 cm

GOURAMI EMBRASSEUR

Jusqu'à 30 cm *Helostoma temmincki*

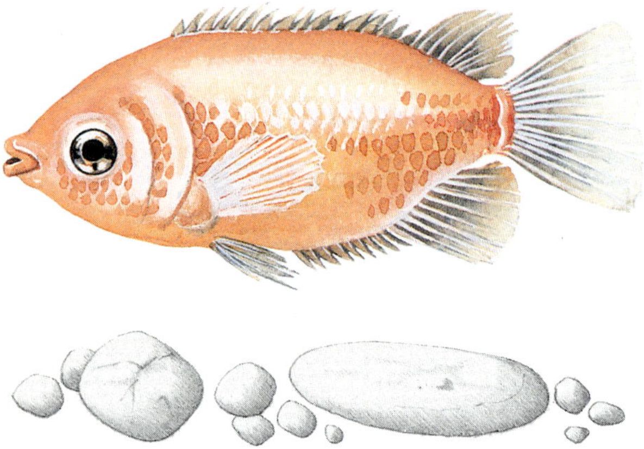

Les formes habituellement rencontrées en captivité ont des livrées rose pâle ou jaunâtre. La forme sauvage est vert sombre. Ils possèdent tous de grosses lèvres protubérantes. La femelle est plus grosse que le mâle.

Ce poisson pacifique peut être placé, quand il est jeune, dans un bac collectif bien éclairé. Friand de végétaux, il dévore les plantes à feuilles tendres. Accepte des aliments variés. Il doit son nom à l'habitude qu'il a d'embrasser, bouche contre bouche, les poissons qui lui font face.

Thaïlande, Malaisie, Bornéo et archipel indonésien.

Autres gouramis.

20-28 °C; 60 cm

TELMATHERINA

Telmatherina ladigesi Jusqu'à 8 cm

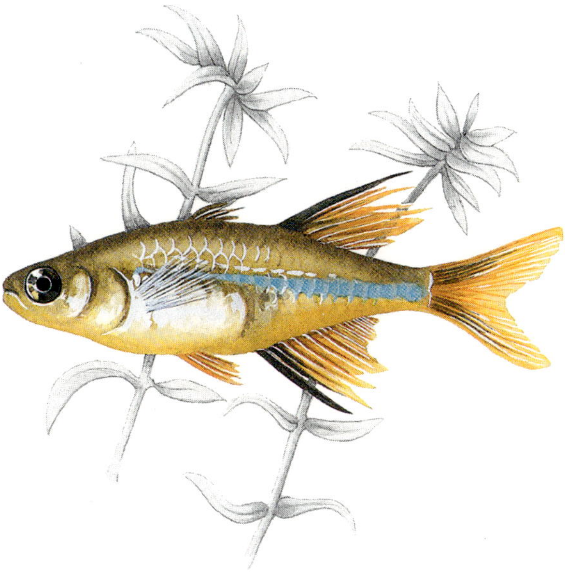

Étincelante livrée brun-jaune à reflets argentés. Les poissons « arc-en-ciel » possèdent tous deux nageoires dorsales. Chez le mâle, les rayons de la seconde nageoire dorsale et de la nageoire anale sont effilés. Ligne latérale bleue irisée.

Poisson pacifique, remuant, à élever de préférence en groupes dans une eau de dureté moyenne, légèrement saline. Il consomme des nourritures vivantes et sèches. On peut le mêler à d'autres espèces, dans un grand bac long comportant une grande zone dégagée où il puisse nager à son aise.

Dans les îles indonésiennes Sulawesi (Célèbes).

Bedotia geayi, plus grand, a les nageoires liserées de rouge et noir. *Melanotaenia maccullochi* et le *M. nigrans* ont les flancs argentés et les nageoires bordées de marron.

22-25 °C; 60 cm

DEMOISELLE À QUEUE NOIRE

Jusqu'à 7 cm *Dascyllus melanurus*

Poisson appartenant à la famille des demoiselles, au corps noir zébré de quatre bandes verticales blanches dont une traverse la nageoire caudale.

Pacifique, facile à élever en captivité. Ce poisson a une préférence marquée pour les nourritures vivantes, mais on peut l'habituer à consommer des aliments secs. Garnir le bac de roches, car il vit habituellement dans les récifs coralliens des zones côtières rocheuses.

Mers du Sud-Est asiatique, Philippines, Grande Barrière de Corail bordant le Queensland en Australie, est de la Mélanésie.

Aucune espèce similaire.

26-27 °C; 100 cm

CLOWN À TROIS BANDES

Amphiprion percula Jusqu'à 8 cm

Livrée orange ornée de trois bandes verticales blanches cernées de noir, nageoires orange bordées de blanc et de noir. L'éclat des couleurs est renforcé par la netteté du dessin.

Sans doute le plus populaire des poissons-clowns. Dans son milieu naturel, il vit impunément parmi les tentacules des anémones de mer, mais il n'est pas nécessaire d'introduire des anémones dans l'aquarium. L'un des rares poissons de mer tropicaux à pouvoir être élevé en captivité.

Aux environs du Queensland (Australie), à l'est de la Mélanésie.

A. ocellaris, originaire du Pacifique et de la partie orientale de l'océan Indien, est très proche d'aspect.

26-27 °C; 80-100 cm

CLOWN À QUEUE JAUNE

Jusqu'à 12 cm *Amphiprion sebae*

Corps brun-jaune parcouru de deux bandes verticales blanches, l'une située juste derrière l'œil, l'autre devant la queue. Ventre bombé. Nageoires jaune pâle.

Ce poisson résistant s'acclimate bien en aquarium, mais de façon moins spectaculaire que son proche parent le Clown à trois bandes. Les alevins se développent rapidement s'ils sont fréquemment nourris.

Océan Indien, de la péninsule d'Arabie à l'Indonésie.

Premnas biaculeatus est d'un rouge vineux et porte trois bandes blanches verticales, une derrière la tête, la seconde au milieu du corps et la troisième devant la queue.

26-27 °C; 80-100 cm

POISSON MANDARIN

Synchiropus splendidus Jusqu'à 10 cm

Livrée somptueuse et originale pour ce poisson au corps sillonné de marbrures bleues, vertes et orange délimitées par une ligne sombre. Tache bleue lumineuse ponctuée de jaune sur l'opercule branchial. Les femelles sont ternes.

L'élevage de ce poisson est considéré comme délicat. Il faut le placer dans un bac spécifique et le nourrir de vers et de petits crustacés. C'est un poisson de fond.

Eaux côtières peu profondes aux environs du Sud-Est asiatique, des Philippines, du Queensland (Australie) et de la Mélanésie.

Aucune espèce similaire.

26-27 °C; 80-100 cm

POISSON-ANGE FUMÉ

Jusqu'à 11 cm *Centropyge bispinosus*

Corps violet foncé marqué d'orange et de noir sur les flancs et nageoires pectorales dorées. Petit poisson-ange populaire et résistant.

Parmi les poissons-anges, c'est le plus facile à élever en captivité : il s'acclimate rapidement et accepte la nourriture peu après son introduction dans l'aquarium. Il apprécie un décor de roches lui offrant de multiples cachettes. Dans son milieu naturel, il broute les algues des rochers et récifs coralliens.

Afrique orientale, Seychelles et partie occidentale de l'océan Pacifique.

Aucune espèce similaire.

26-27°C; 80-100 cm

POISSON-ANGE CITRON

Centropyge flavissimus Jusqu'à 10 cm

Livrée jaune d'or. Nageoires anale, dorsale et caudale bordées de bleu. Les jeunes ont les flancs ornés d'une tache centrale noire.

Mêmes conditions d'élevage que pour le Poisson-ange fumé.

Pacifique Sud : serait originaire du Queensland (Australie), des îles Fidji et de Tahiti.

C. heraldi lui ressemble beaucoup, mais est dépourvu de marques bleues. On le trouve aux environs du Japon.

26-27°C; 80-100 cm

FAUX POISSON NETTOYEUR

Jusqu'à 13 cm *Aspidontus taeniatus*

Ce poisson en forme de cigare est parcouru sur toute sa longueur d'une large bande noire. Sa livrée, argentée à l'avant, devient gris bleuté à l'arrière.

Poisson carnivore, prédateur agressif, à tenir à l'écart des autres espèces dont il ne ferait qu'une bouchée. Facile à élever.

Aux environs du Sud-Est asiatique, des Philippines, des îles Salomon et de Tahiti.

Ce poisson ressemble énormément à *Labroides dimidiatus* qui est totalement inoffensif. Seule la position de la bouche les différencie.

26-27°C; 80 cm

CHÉTODON À COLLIER

Chaetodon collaris Jusqu'à 15 cm

Ce poisson-papillon au corps aplati et discoïdal, est habillé d'une véritable résille de points lumineux. La tête, sombre, est délimitée par une large bande blanche verticale. Une autre ligne blanche, plus fine, passe devant l'œil. Caudale rouge.

Certains estiment que son élevage et sa reproduction en captivité ne posent pas trop de problèmes. Comme tous les poissons-papillons, il est assez timide et a besoin de nombreuses cachettes. Dans la nature, il se nourrit d'algues et de petits crustacés. Avec de la patience, on peut lui faire accepter les aliments secs.

Océan Indien, aux environs du Sri Lanka, archipel malais et sud de la Chine.

De nombreuses autres espèces de chétodons sont élevées en aquariums marins. Ils ont la même silhouette et le jaune, le blanc et l'orange sont leurs couleurs prédominantes.

26-27°C; 80-100 cm

POISSON-SCORPION

Jusqu'à 17 cm *Dendrochirus brachypterus*

Ce poisson se distingue par une livrée à taches brunes et des nageoires mouchetées de la même teinte. La ligne du dos est hérissée d'épines empoisonnées dont il faut se méfier. À manipuler avec une extrême prudence.

Carnivore, il se nourrit habituellement de proies vivantes, mais on arrive à lui faire accepter des petits crustacés ou poissons morts. Le dessin et les teintes de sa livrée lui permettent de mieux se camoufler dans son milieu naturel composé de blocs de coraux effondrés.

Océans Pacifique et Indien, sauf dans la Grande Barrière de Corail.

D. zebra et *Pterois volitans* ont des robes brunes zébrées de lignes blanches et de larges nageoires aux formes exotiques.

26-27 °C; 80-100 cm

COCHER CORNU

Zanchus cornutus Jusqu'à 25 cm

Corps jaune pâle barré verticalement de trois larges bandes noires. Nageoire dorsale en forme de fouet, longue, effilée et recourbée vers l'arrière. Les adultes ont des protubérances en forme de cornes au-dessus des yeux. Queue noire.

Difficile à élever en captivité, ce poisson réclame beaucoup d'espace et une lumière vive. Il s'adapte avec difficulté et ses couleurs ont souvent tendance à perdre de l'éclat.

Océan Indien, océan Pacifique. Vit en petits bancs dans les récifs coralliens.

Henochius acuminatus est très similaire, mais la queue est jaune et il est pourvu d'une étroite nageoire dorsale jaune derrière le prolongement en fouet.

26-27 °C; 100 cm

CHIRURGIEN À QUEUE JAUNE

Jusqu'à 25 cm — *Paracanthus hepatus*

Poisson au corps d'un bleu lumineux parcouru d'une large bande noire. La queue est jaune, ourlée de noir. Ce poisson-chirurgien a des épines osseuses à la base de la caudale, armes redoutables dont il faut se méfier.

À l'état sauvage, il se nourrit surtout de végétaux, broutant les algues des récifs coralliens. Il faut donc favoriser le développement des algues dans son aquarium, ou lui donner de la laitue ou des épinards blanchis. Il peut attaquer mortellement les nouveaux arrivants.

Océan Indien et océan Pacifique, dans les récifs coralliens.

Poissons semblables : *Acanthurus coeruleus*, de la mer des Caraïbes et *Zebrasoma xanthurus*, au corps entièrement bleu et à queue jaune.

27-28 °C ; 100 cm

HIPPOCAMPE DU PACIFIQUE

Hippocampus kuda Jusqu'à 30 cm

Bien que très différent de tous les autres poissons, l'Hippocampe du Pacifique possède une structure interne identique. Son corps, cuirassé de plaques osseuses, varie, pour cette espèce, du jaune au brun.

Cette étrange créature n'est pas facile à élever en aquarium car elle ne consomme que de minuscules proies vivantes (artémias, larves d'insectes ou petits poissons). L'Hippocampe se déplace verticalement et s'immobilise en enroulant sa queue autour d'une algue. Il vaut mieux lui réserver un bac spécifique.

Eaux côtières des océans Pacifique et Indien.

Plusieurs autres espèces d'hippocampes peuvent être élevées en aquarium d'eau de mer.

26-27 °C; 100 cm

BALISTE PICASSO

Jusqu'à 30 cm *Rhinecanthus aculeatus*

La livrée blanche de ce baliste est parcourue de lignes jaunes, bleues et brunes évoquant une composition abstraite, d'où son nom. Nageoires transparentes bleutées.

Assez facile à élever, il consomme de petits crustacés ou autres proies vivantes. Il devient cependant agressif avec l'âge, attaquant alors ses compagnons. La base de sa queue est pourvue d'épines qu'il redresse en cas de menace.

Océan Indien et océan Pacifique.

R. assasi, à livrée similaire, est craintif et moins facile à élever.

26-27 °C; 100 cm

Zebrasoma veliferum

VELIFERUM

Jusqu'à 40 cm

Corps ovale, à nageoires dorsale et anale très développées, de ligne triangulaire. Livrée de couleur brune animée de lignes et de points jaune orangé. Tête mouchetée, nageoires rayées. La caudale est légèrement bleuâtre.

Ce poisson, comme tous les poissons-chirurgiens, doit recevoir une quantité importante de végétaux. S'il est acheté alors qu'il est encore jeune, il est facile à élever en captivité.

Océan Indien et océan Pacifique.

Aucune espèce similaire.

27-28°C; 100 cm

LABRE À SIX BANDES

Jusqu'à 45 cm

Pseudocheilinus hexataenia

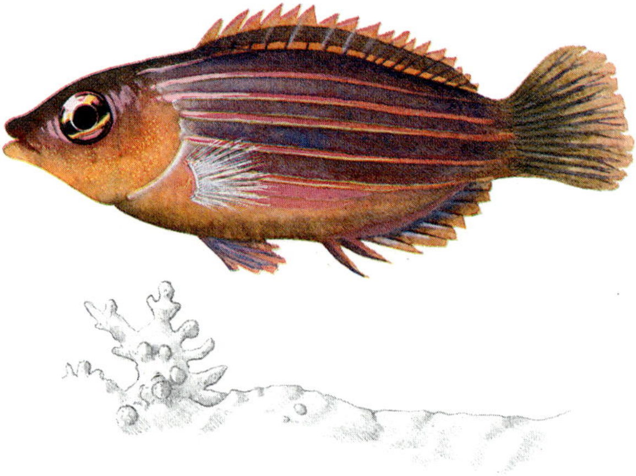

Poisson élégant quand il est jeune, à corps brun rosâtre orné de six bandes horizontales violettes, la sixième traversant la nageoire dorsale.

Peut être élevé en groupes tant qu'il n'a pas atteint sa taille adulte dans un bac garni d'un lit de sable qu'il puisse fouiller à son aise. On peut lui distribuer des artémias. Dans son milieu naturel, il se nourrit de petits crustacés et de vers qu'il trouve dans les fonds sablonneux entourant les récifs coralliens.

Aux environs de l'Afrique orientale, de la mer Rouge au Sud-Est asiatique et aux Philippines.

Aucune espèce similaire.

26-27 °C; 80-100 cm

Diodon hystrix

DIODON

Jusqu'à 90 cm

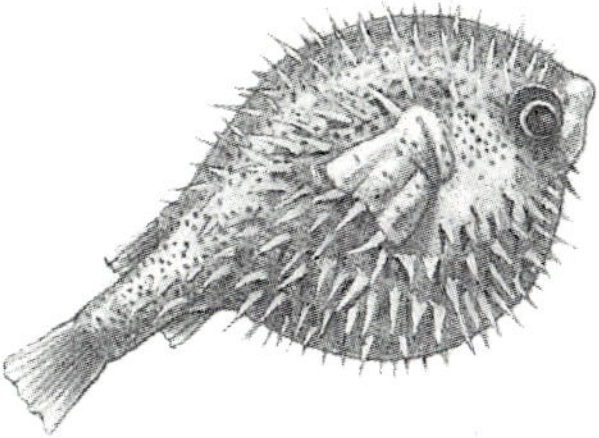

Livrée ocre jaune parsemée de grosses taches sombres sur le dos, ventre blanchâtre. Ce poisson-hérisson est entièrement recouvert d'épines, habituellement couchées. En cas de danger, il se gonfle comme un ballon et redresse tous ses piquants.

Sujet à recommander pour l'aquarium marin quand il est jeune, ne réclamant comme nourriture que de petits crustacés ou mollusques. Il offre un spectacle fascinant. Malheureusement, un aquarium de taille moyenne devient vite trop étroit.

Eaux tropicales des océans Atlantique, Indien et Pacifique.

Aucune espèce similaire.

26-27 °C; 100 cm

Index

Cochez l'index au fur et à mesure de vos découvertes.

Anatomie d'un poisson

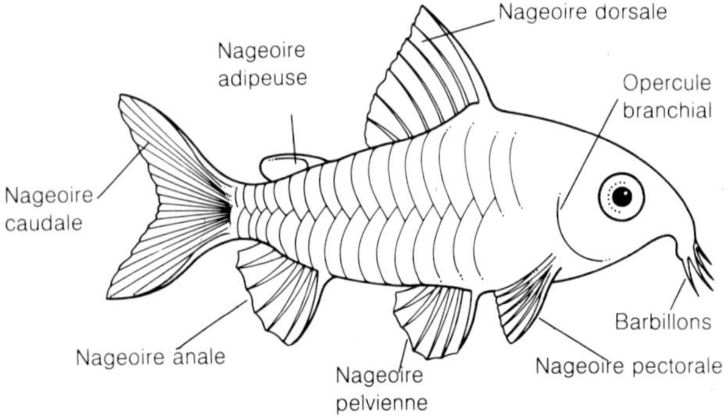

Aquarium

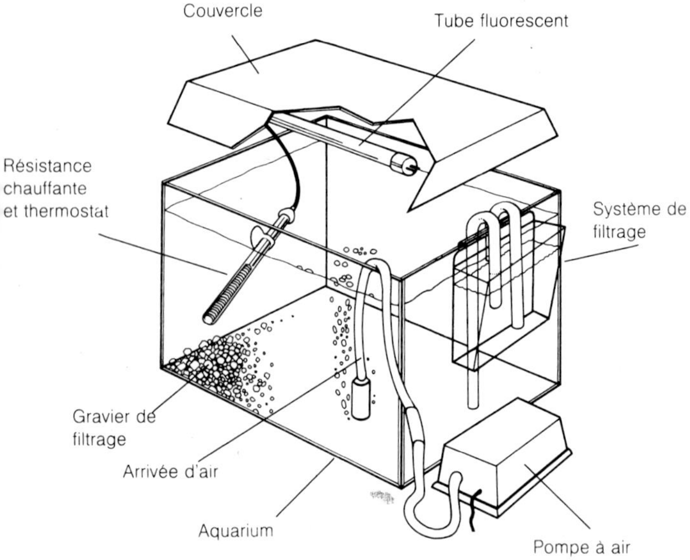